U0180412

中国大锅菜

凉菜卷

纪念版

李建国◎主编

首都保健营养美食学会大锅菜烹饪技术专业委员会
北京大地亿仁餐饮管理有限公司
联合推荐

中国铁道出版社有限公司·北京

图书在版编目（CIP）数据

中国大锅菜：纪念版．凉菜卷 / 李建国主编．—北京：中国铁道出版社有限公司，2023.4

ISBN 978-7-113-29758-9

Ⅰ.①中… Ⅱ.①李… Ⅲ.①凉菜－菜谱－中国 Ⅳ.①TS972.182

中国版本图书馆 CIP 数据核字（2022）第 193819 号

书　　名：中国大锅菜·凉菜卷（纪念版）

ZHONGGUO DA GUO CAI · LIANGCAI JUAN（JINIAN BAN）

作　　者：李建国

责任编辑：王淑艳　**编辑部电话：**（010）51873022　**电子邮箱：**554890432@qq.com

封面设计：崔丽芳

封面题字：王文桥

责任校对：安海燕

责任印制：赵星辰

出版发行：中国铁道出版社有限公司（100054，北京市西城区右安门西街8号）

网　　址：http://www.tdpress.com

印　　刷：北京盛通印刷股份有限公司

版　　次：2023 年 4 月 第 1 版　2023 年 4 月 第 1 次印刷

开　　本：889 mm×1 194 mm 1/16　**印张：**14　**字数：**460 千

书　　号：ISBN 978-7-113-29758-9

定　　价：158.00元

编委会

在企事业单位、政府机关的食堂，以及团餐公司中作为开胃菜的凉菜，在餐饮中占有一席之地。凉菜，又叫冷荤、冷拼，之所以叫冷荤，是因为餐饮业多用鸡、鸭、鱼、肉、虾及内脏等荤料制作；而冷拼则是冷菜做好后，要经过冷却、装盘，盛菜的器皿十分讲究，如双拼、三拼、什锦拼盘、高装冷盘、花式冷盘等。

凉菜有其独特的烹调技法，如糟、醉、腌、泡、白煮、盐水煮、炸收、卤浸、酱、熏、酥、酥炸、糖粘、风、腊、烤、卷、冻等。凉菜的烹调技法之多，不在热菜之下。

凉菜能最大限度地保全营养成分。营养学研究证明，生吃蔬菜能够获得更多的营养成分，因为蔬菜中一些生物活性物质加热到55℃以上时，会丧失部分营养成分。所以，倘若条件允许，能生吃的蔬菜，最好生吃。

凉菜在制作过程中，要关注两点：一是保证安全与营养；二是制作成本的控制。

首先，这本书在保证营养健康的基础上，选取的食材都很普通，没有名贵食材。制作中保持食材的自然味道，调料用量不多，因为用量过多会掩盖食材自身的味道。采用多种烹调方法，在低油、低盐、低糖的基础上同时兼顾大众口味，所以要从味型上进行钻研。另外，要注意不能与热菜重样，一样菜即是热菜又是凉菜 ，吃饭的人很难接受这种搭配。

其次，凉菜的成本控制尤为重要，因为它毕竟属于开胃小菜。一般来说，一餐饭包括热菜、主食、凉菜、粥、汤、水果、甜点、酸奶等，凉菜占总成本的10%至20%，预算少了凉菜的品质下降；预算多了，热菜就难做了。所以要选择应季蔬菜，能降低成本，要做到精打细算，厨师应在味型上多下功夫。精益求精是我们厨师追求的最高目标，在不同餐标下做好每一道菜，不是简单的事。

最后，我希望更多的人能加入团餐的事业中，尤其是年轻人，求新、求变、求精，潜心研习烹饪技艺，为团餐贡献更多的智慧。

“中国大锅菜”丛书的陆续出版，得益于国家机关事务管理局创建营养健康食堂活动，促进机关、团体食堂管理和建设水平的进一步提升，这是科学发展观落实在餐饮工作上的可喜收获。

“中国大锅菜”丛书是一套完整规范的标准化菜谱，包括《中国大锅菜 · 蒸烤箱卷（纪念版）》《中国大锅菜 · 自助餐副食卷（纪念版）》《中国大锅菜 · 凉菜卷（纪念版）》《中国大锅菜 · 热菜卷》《中国大锅菜 · 主食卷》《中国大锅菜 · 老年营养餐卷（精品菜）》《中国大锅菜 · 老年营养餐卷（家常菜）》《中国大锅菜 · 南方卷》。

首都保健营养美食学会大锅菜烹饪技术专业委员会会长　中国烹饪大师　李建国

目录

J

K

L

M

N

P

Q

目录

Y

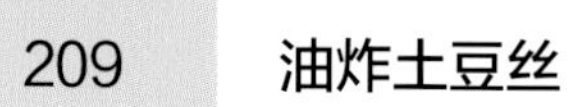

Z

凉菜的烹制方法

凉菜主要的烹制方法是拌与炝，除此之外还有很多方法，如糟、醉、腌、泡、白煮、盐水煮、炸收、卤浸、酱、熏、酥酥炸、糖粘、风、腊、烤、卷、冻。

（一）拌的概念和特点

拌是将加工处理成丝、丁、片、块、条等刀口形状的生料或晾凉的熟料直接加入调味品拌和成为菜品的一种烹调方法。拌制类菜肴用料广泛，品种丰富，味型多样，成品大都具有鲜嫩柔脆，清凉爽口的特点。

拌可分生拌、熟拌、生熟混拌。

（二）炝的概念和特点

炝是将加工成丝、条、片、丁等形状小型刀口的生料，用沸水烫至断生或用温油滑熟后捞出，沥干水分、油，趁热或凉后，加入调味品和油而制成菜品的一种烹制方法。

炝的特点适应面广，刀口讲究，成品具有鲜香脆嫩、清爽鲜醇的特点。

炝可分为水焯炝、油滑炝、焯滑炝。例如炝活虾。

（三）糟的概念与种类

糟是将处理过的生料或熟料，用糟卤等调味品浸渍，使其成熟或增加糟香味的一种烹制方法。按原料的生熟不同，糟法主要分生糟、熟糟两类。

菜品举例：糟鸡、糟鱼。

（四）醉的概念与种类

醉是以优质白酒为主要调料制成的味汁浸渍食材制成菜品的方法。醉的种类，根据原料生熟不同，有生醉、熟醉之分；根据所用调料的色泽不同，又有红醉、白醉之别。

菜品举例：醉虾、酒醉冬笋。

（五）腌的概念

腌是将原料放入以盐为主的调味汁中浸渍入味或用盐揉搓擦抹后，再加入其他调味汁拌制成菜肴的烹制方法。

菜品举例：珊瑚白菜。

（六）泡的概念与种类

泡是以时鲜蔬菜及应时水果为原料，经初步加工，直接用多量调味卤汁浸泡成为菜品的一种烹制方法。按泡制的卤汁不同，分甜泡和咸泡两种。

菜品举例：四川泡菜、朝鲜辣白菜。

（七）白煮的概念

将加工整理的肉类原料放入清水锅或白汤锅内，不加任何调味品，先用旺火烧开，再转用小火焖熟的一种方法。

菜品举例：白煮蒜泥白肉、白斩鸡。

（八）盐水煮的概念

将加工整理后的原料放入盐水中焯煮成熟或将汆煮成熟的原料放入盐水味汁中浸泡入味的一种烹制方法。

菜品举例：盐水猪肝。

（九）炸收的概念

炸收是将清炸或干煸后的半成品入锅，加调料、鲜汤用中火或小火焖烧，最后用旺火收干汤汁，使之收汁亮油，回软入味，干香滋润成菜的一种烹制方法。

菜品举例：油爆虾、五香鱼条。

（十）卤浸的概念

卤浸是将油炸后的半成品，趁热浇上卤汁或放入卤汁中浸泡入味制成菜品的一种烹制方法。

菜品举例：葱辣豆腐、无锡排骨。

（十一）酱的特点与种类

将腌制后的原料（也有不腌制的）经水焯或油炸，放入酱汁中用大火烧开，转用中、小火煮至熟烂捞出即可。也可以再将酱汁收浓淋在酱制原料上或将酱制原料浸泡在酱汁内而制成

菜品的一种烹制方法。酱制法分为普通酱和特殊酱两大类。

菜品举例：酱牛肉、酱肘子。

（十二）熏的概念与种类

将腌渍入味的生料或经过蒸、煮、炸等热处理的熟料，放入熏制的容器内，利用熏料封闭加热后不完全燃烧而炭化生烟的原理，使之吸附在原料表面，以增加菜品烟香味和色泽的一种烹制方法。熏制菜肴，因原料生熟不同，分为生熏和熟熏。

菜品举例：熏鸡、熏鱼。

（十三）酥的概念与种类

将原料或油炸的原料，放入以醋、糖和酱油为主要调料的汤汁中，先用旺火烧开，再改用小火长时间煨焖，使其酥烂制成菜品的烹制方法。酥有软酥和硬酥。

菜品举例：酥鲫鱼。

（十四）酥炸的概念与种类

将原料经刀工或调基础味、热处理后，入油锅炸酥成菜的方法。酥炸有挂糊和不挂糊之分。

菜品举例：酥炸鱼条。

（十五）糖粘的概念

糖粘是将糖和水加热溶化，待糖汁稠浓时，把加工好的原料入锅，使糖汁均匀地黏附于原料表面形成结晶制成菜品的一种烹制方法。

菜品举例：糖粘花生桃仁。

（十六）风的概念与种类

将原料用椒盐等调味品腌制后，挂在避阳通风处，经较长时间的风吹，使原料产生特殊的芳香味，食用时蒸或煮使其成熟的一种烹制方法。风制法一般有腌风和鲜风两种。

菜品举例：风鸡、风鱼。

（十七）腊的概念

将原料用椒盐或硝盐等调味料腌制后，进行烟熏，再放在通风处吹干，或不熏制，经反复多次的腌——晾——腌，去其水分后，再蒸、煮成菜的一种烹制方法。

菜品举例：腊鸭、腊肉。

（十八）烤的概念与种类

烤是将原料经过腌渍或加工成半熟制品，放入烤箱或烤炉内，利用辐射的高温，把原料直接烤熟的一种烹制方法。根据烤炉的形式和操作方法的不同，又分暗炉烤、烤箱烤和明炉烤三种。

菜品举例：烤鸭、叉烧。

（十九）卷的概念与种类

卷是用片大薄形的原料做皮，卷入几种其他原料，经蒸、煮、浸、泡或油炸成菜的一种烹制方法。按使用原料的不同，分布卷、捆卷和食品原料卷三种；按熟制方法可分为蒸煮类、油炸类和浸泡类三种；按成品色泽可分为单色卷和多色卷两种；按形状可分为圆形卷、羽形卷和鸳鸯卷三种。

菜品举例：鱼卷、虾卷。

（二十）冻的概念

将富含胶质的原料放入锅中加水慢慢煮烂，使其充分溶解成为较稠的汤汁，经过滤后，浇入已加工成熟的原料中，待其自然冷却凝固成冻的一种烹制方法。

菜品举例：皮冻、琼脂冻、水晶肘子、鸡冻。

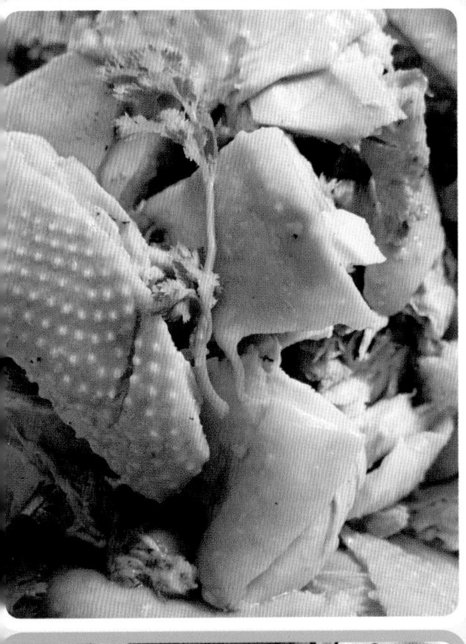

B 中国大锅菜

白菜海蜇皮

主 料： 白菜25千克、海蜇皮10千克

配 料： 香菜0.5千克

调 料： 盐0.25千克、味精0.1千克、香油0.05千克、花椒油0.1千克、葱油0.1千克、米醋0.1千克、辣椒油0.1千克

营养价值

白菜含有丰富的粗纤维，能起到润肠、促进排毒的作用。海蛰含碘，也含有类似于乙酰胆碱的物质，能扩张血管，降低血压，清热化痰。

制作方法

（1）将白菜洗净，切丝备用。海蜇洗净，切丝备用。香菜洗净，去根切段。

（2）将海蜇皮与白菜装盘，与调料拌匀，放上香菜即可。

白斩文昌鸡

主 料： 文昌鸡30千克

调 料： 盐0.3千克、味精0.05千克、料酒0.2千克、胡椒粉0.05千克、酱油0.01千克、香油0.05千克、葱段0.5千克、姜片0.5千克、鸡汤3千克辣椒油0.1千克

营养价值

文昌鸡性平味甘，可温中益气，补虚填精，健脾胃，活血脉，强筋骨。

制作方法

（1）先将鸡开膛、去毛去内脏，放入温水洗干净。

（2）另起锅，加入清水、料酒、葱段、姜片和文昌鸡，开锅后改小火煮熟，加入盐，连汤和鸡一起倒入盆中，晾凉后，将鸡捞出，去骨改刀，切块装盘用香菜叶点缀。

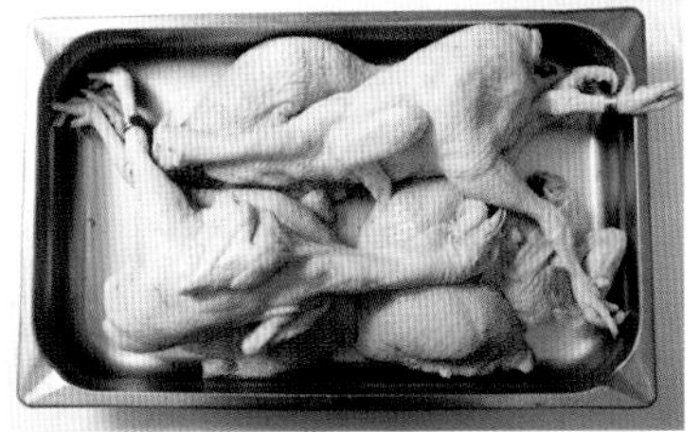

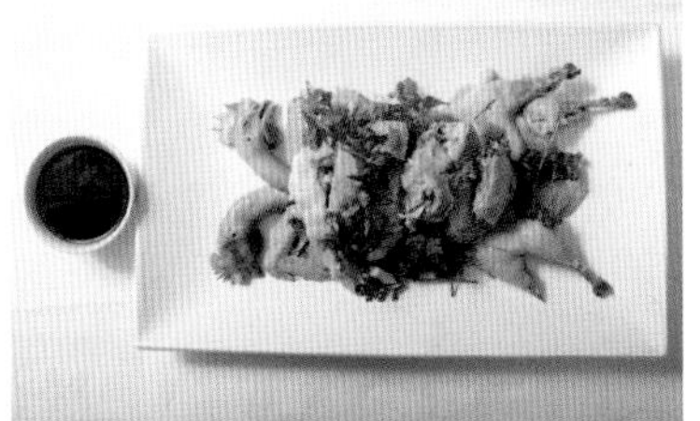

（3）将鸡汤、酱油、味精、香油、辣椒油、胡椒粉兑成碗汁，食用时，浇在鸡块上即可。

拌八爪鱼

主 料：八爪鱼15千克、黄瓜15千克

配 料：红椒1千克

调 料：盐0.2千克、味精0.1千克、香油0.05千克、葱油0.2千克、辣椒酱0.4千克、蒜蓉辣酱0.8千克

营养价值

八爪鱼含有丰富的蛋白质、矿物质等营养元素。黄瓜有抗衰老、降血糖、健脾胃的作用。

制作方法

(1) 将八爪鱼去内脏，洗净切块，焯水取出，过凉备用。黄瓜去根，洗净切块。

(2) 将八爪鱼、黄瓜、红椒与调料拌匀，装盘即可。

拌叉烧鸭胸

主 料：鸭胸20千克、黄瓜20千克
配 料：香菜0.5千克、红椒1千克
调 料：盐0.25千克、味精0.1千克、香油0.05千克、葱油0.2千克

营养价值

鸭肉中的脂肪酸熔点低，易于消化。鸭肉中含有较为丰富的烟酸，它是构成人体内两种重要辅酶的成分之一。

制作方法

(1) 将鸭胸用叉烧酱、蒜蓉瓣酱、糖、葱、姜、盐、味精适量腌制，12小时之后用烤箱烤熟，温度在180℃，切片备用。
(2) 将黄瓜洗净、切块，红椒去籽、切块，香菜去根、切段。
(3) 将主、配料与调料拌匀装盘即可。

拌三丁

主 料：黄瓜20千克、土豆10千克、胡萝卜5千克

调 料：盐0.25千克、味精0.05千克、葱油0.1千克、花椒油0.05千克、香油适量

营养价值

黄瓜有抗衰老、降血糖、健脾胃的作用。土豆益气调中，缓急止痛，通利大便。胡萝卜含有大量的胡萝卜素，可益肝明目、利膈宽肠等。

制作方法

(1) 将黄瓜、土豆、胡萝卜去皮，洗净切丁。

(2) 将主料焯水，捞出控水。

(3) 加入调料拌匀，装盘即可。

拌三皮丝

主　料： 鸡蛋1千克、菠菜1千克、胡萝卜0.5千克

配　料： 豆皮0.6千克、粉皮0.8千克、香菜叶0.05千克

调　料： 盐 0.02 千克、味精 0.005千克、醋 0.05 千克、酱油 0.05 千克、蒜蓉 0.05千克、辣椒油、花椒油、香油各0.01千克

营养价值

鸡蛋含丰富的蛋白质、脂肪。菠菜含有丰富维生素C、胡萝卜素、蛋白质，以及铁、钙、磷等矿物质。可促进生长发育、促进人体新陈代谢。

制作方法

(1) 先将鸡蛋打散，加盐摊成蛋皮，再切成丝。豆皮和粉皮切丝。

(2) 菠菜洗净切段，胡萝卜去皮，洗净切丝。

(3) 起锅上火加人水，分别将豆腐丝、菠菜、胡萝卜丝、粉皮焯水后过凉，沥干水分，倒入盆中，加入蛋皮丝、香菜叶、盐、味精、醋、酱油、辣椒油、花椒油、香油和蒜蓉搅拌均匀即可。

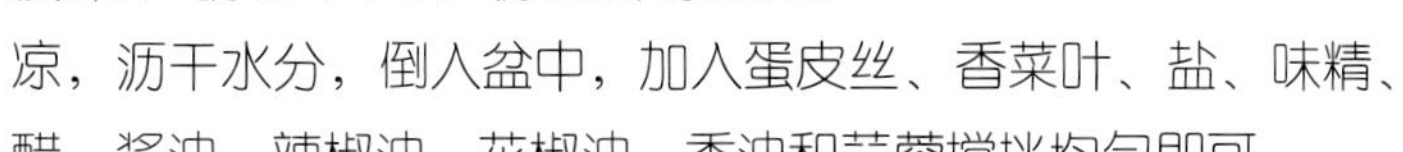

拌什锦小菜

主 料： 玉米笋5千克、木耳1千克、西蓝花10千克

配 料： 胡萝卜1千克、花生1千克、红椒1千克

调 料： 盐0.25千克、味精0.1千克、香油0.05千克、葱油0.1千克、花椒油0.1千克

营养价值

木耳含有维生素K，铁的含量极为丰富；西蓝花营养丰富，内含蛋白质、碳水化合物、脂肪、矿物质、维生素C和胡萝卜素等。

制作方法

(1) 将玉米笋、西蓝花切块焯水；木耳泡开去根，洗净焯水；胡萝卜去皮，洗净切块；花生炸熟；红椒去籽，洗净切块。

(2) 将主、配料与调料拌匀装盘即可。

拌双耳

主 料：干木耳1.5千克、干银耳1.5千克

配 料：香菜1千克、枸杞0.25千克

调 料：盐0.25千克、味精0.1千克、醋0.4千克、酱油0.2千克、香油0.05千克、葱油0.2千克

营养价值

木耳含有维生素K，铁的含量极为丰富；银耳富含维生素D，能防止钙的流失。

制作方法

(1) 将干木耳、干银耳泡发去根，焯水备用。

(2) 将枸杞泡开，香菜去根，洗净切段。

(3) 将主、配料与调料放在一起拌匀，装盘即可。

拌双丝

主　料： 紫甘蓝12.5千克、青笋15千克

配　料： 香菜0.5千克、红椒1千克

调　料： 盐0.25千克、味精0.1千克、香油0.05千克、葱油0.2千克、白醋0.2千克

营 养 价 值

紫甘蓝含有丰富的维生素C、维生素V和较多的维生素E和B族维生素。青笋可起到疏通、消积下气，对消化功能减弱、消化道中酸性降低和便秘的病人尤其有利。

制 作 方 法

（1）将紫甘蓝去根，洗净切丝；青笋去皮去根，洗净切丝；红椒去籽，洗净切丝，香菜去根，洗净切段。

（2）将主、配料与调料拌匀装盘即可。

拌鱿鱼丝

主 料： 鱿鱼20千克、芹菜20千克
配 料： 胡萝卜1千克、红椒0.5千克
调 料： 盐0.2千克、味精0.1千克、香油0.05千克、葱油0.1千克、花椒油0.1千克

营养价值

鱿鱼富含钙、磷、铁元素，又含大量的牛黄酸，可缓解疲劳、恢复视力、改善肝脏功能；芹菜含有大量的粗纤维，可刺激胃肠蠕动，促进排便。而且含铁量较高，芹菜汁还有降血糖作用。

制作方法

（1）将鱿鱼洗净切丝，用沸水煮熟，过凉备用。芹菜去根、去叶，洗净，切条焯水备用。胡萝卜去根洗净，切条焯水备用。红椒去籽，洗净切丝。
（2）将主、配料与调料拌匀装盘即可。

C 中国大锅菜

草莓黄瓜

主 料： 草莓4千克、黄瓜25千克

调 料： 白醋0.4千克、白糖0.2千克、草莓酱0.8千克

营养价值

草莓含有果糖、蔗糖、柠檬酸、苹果酸、氨基酸以及钙、磷、铁等矿物质，还含有丰富的维生素C，有帮助消化、通畅大便的功效。黄瓜有抗衰老、降血糖、健脾胃的作用。

制作方法

（1）将黄瓜洗净切块。草莓去叶，洗净切块。

（2）将草莓和黄瓜与白醋、白糖、草莓酱拌匀装盘即可。

叉烧肉

主 料： 猪肉30千克

配 料： 香菜1千克

调 料： 盐0.3千克、味精0.15千克、糖0.4千克、香油0.05千克、叉烧酱0.8千克

营养价值

猪肉性平味甘，有润肠胃、生津液、补肾气、解热毒的功效。

制作方法

（1）生猪肉切大块焯水，沥干水分。香菜去根洗净，切段备用。

（2）锅内放水，加入调料，再将焯好的猪肉放入，煮熟取出，切片备用，最后将剩余的汁熬制黏稠。

（3）将切好的叉烧肉与熬好的汁拌匀，放入香菜，装盘即可。

陈皮鸡

主 料： 三黄鸡30千克

配 料： 香菜0.5千克

调 料： 盐0.3千克、味精0.2千克、鸡精0.3千克、花椒0.1千克、干辣椒段0.2千克、料酒0.3千克、酱油0.2千克、米醋0.15千克、陈皮0.25千克、大豆油0.4千克

营养价值

三黄鸡属于低胆固醇、低盐、低脂肪、高蛋白的“三低一高”的健康食品。

制作方法

（1）将三黄鸡去内脏，洗净切块，放入油锅，炸熟取出，放入盒中，加入料酒、盐、酱油腌两小时。

（2）锅内加入油、陈皮、花椒、酱油、干辣椒段炒后，加入鸡块料酒煸炒，再加入盐、味精、鸡精、米醋炒熟后取出，放入香菜，装盘即可。

豉油三黄鸡

主 料： 三黄鸡30千克

配 料： 香菜1千克、红椒0.5千克

调 料： 盐0.4千克、味精0.2千克、鸡精0.2千克、豉油1.5千克

营养价值

三黄鸡属于低胆固醇、低盐、低脂肪、高蛋白的“三低一高”健康食品。

制作方法

（1）锅内烧水，加盐入味，放入三黄鸡煮熟，晾凉切块备用。

（2）将香菜去根，洗净切段。红椒去籽，洗净切块。

（3）将煮好的三黄鸡放入盘中浇上豉油汁，味精、鸡精，再加上香菜、红椒装点即可。

川味凉粉

主　料： 凉粉20千克、黄瓜20千克

配　料： 胡萝卜1千克

调　料： 盐0.25千克、味精0.1千克、香油0.05千克、葱油0.1千克、花椒油0.1千克、生抽0.2千克、蒜末0.2千克

营养价值

凉粉由绿豆淀粉制作而成，主要含有碳水化合物、蛋白质等营养成分，色泽洁白，晶莹剔透，嫩滑爽口。黄瓜有抗衰老、降血糖、健脾胃的作用。

制作方法

（1）将凉粉泡开，放入锅中煮熟，取出过凉，沥干水分，放入香油、生抽、味精、蒜末抓匀备用。

（2）黄瓜去根，洗净切块，胡萝卜去皮，洗净切片焯水。

（3）将主、配料与剩下调料拌匀装盘即可。

葱拌羊肉

主 料： 羊肉15千克、大葱10千克

配 料： 香菜0.5千克、美人椒0.5千克

调 料： 盐0.25千克、味精0.15千克、香油0.05千克、葱油0.1千克、花椒油0.1千克、酱油0.2千克

营养价值

羊肉含丰富的蛋白质、脂肪、碳水化合物、钙、磷、铁，还含有维生素B族、维生素A、烟酸等，中医认为：羊肉性热、味甘，温补脾胃、温补肝肾，是适宜于冬季进补及补阳的佳品。

制作方法

(1) 将羊肉切片，焯水取出，过凉备用。大葱去根，洗净切块。香菜去根，洗净切段。美人椒洗净，去根切段。

(2) 将主、配料与调料拌匀装盘即可。

葱香腐肉

主 料： 猪肉馅0.8千克、豆腐皮2千克

配 料： 鸡蛋8个、面粉0.5千克、淀粉0.2千克、青椒2个、红椒2个、木耳适量

调 料： 料酒0.01千克、花椒盐0.01千克、味精0.005千克、盐0.01千克、葱花0.2千克、姜末0.05千克、香菜末0.02千克、甜面酱0.01千克

营养价值

猪肉性平味甘，有润肠胃、生津液、补肾气、解热毒的功效。豆腐皮性平味甘，有清热润肺、止咳消痰、养胃、解毒、止汗等功效。

制作方法

（1）先将猪肉馅中加入料酒、盐、味精，木耳切碎末。葱花、姜末、甜面酱、青红椒粒，朝一个方向搅上劲，拌均匀制成馅。

（2）将盐、鸡蛋、面粉、淀粉和少量水调成糊。

（3）将豆腐皮铺开，上面均匀地抹上一层肉馅，撒上葱花、香菜，卷成卷，逐个做完。

（4）起锅上火，加入油，油温四至五成热时，将卷好的豆皮卷蘸上鸡蛋糊，入油锅中炸，至两面金黄时捞出，沥油。晾凉后，斜刀切成块，码放在盘中撒上青红椒碎。食用时，蘸上花椒盐即可。

葱油黄瓜花

主 料：黄瓜花20千克
调 料：盐0.2千克、味精0.1千克、香油0.05千克、葱油0.2千克、蒜末0.15千克

营养价值

黄瓜花有抗衰老、降血糖、健脾胃、防酒精中毒的作用。黄瓜花中含有的葫芦素，具有提高人体免疫功能的作用。

制作方法

(1) 将黄瓜花洗净，去根焯水，取出过凉备用。
(2) 将黄瓜花与调料拌匀，装盘即可。

葱油罗汉笋

主 料：黄瓜15千克、罗汉笋15千克
配 料：红椒1千克、黄椒1千克
调 料：盐0.25千克、味精0.1千克、香油0.05千克、葱油0.1千克、花椒油0.1千克

营养价值

黄瓜有抗衰老、降血糖、健脾胃的作用。笋可清热化痰、合胃益气，对消化功能减弱和便秘的病人尤其有利。

制作方法

（1）将黄瓜洗净去根，切块备用。罗汉笋洗净，切块焯水备用。红、黄椒去籽洗净，切丝备用。
（2）将主、配料与调料拌匀装盘即可。

葱油手剥笋

主 料：手剥笋20千克

配 料：香菜1千克

调 料：盐0.2千克、味精0.1千克、香油0.05千克、葱油0.15千克

营 养 价 值

手剥笋具有滋阴凉血、和中润肠、清热化痰、解渴除烦、清热益气的功效，还可开胃健脾，宽肠利膈，通肠排便。

制 作 方 法

（1）将手剥笋洗净，放入锅中，加入水、盐、味精、鸡精、葱姜、香料适量，煮熟取出，去皮切开备用。

（2）香菜去根洗净，切段备用。

（3）香菜垫底，将手剥笋与调料拌匀，装盘即可。

葱油紫甘蓝

主 料： 紫甘蓝30千克

配 料： 红椒0.5千克、黄椒0.5千克

调 料： 盐0.25千克、味精0.1千克、香油0.05千克、葱油0.2千克

营养价值

紫甘蓝含有丰富的维生素C、维生素V和较多的维生素E和B族维生素。紫甘蓝具有重要的医学保健作用。

制作方法

（1）将紫甘蓝去根洗净，切丝备用。

（2）红椒、黄椒去籽，洗净切丝。

（3）将紫甘蓝与配料、调料放在一起拌匀，装盘即可。

脆芹拌腐竹

主　料： 芹菜20千克、腐竹2千克

配　料： 胡萝卜1千克、红椒1千克、黄椒1千克

调　料： 盐0.25千克、味精0.1千克、香油0.05千克、葱油0.1千克、花椒油0.1千克

营养价值

芹菜含有大量的粗纤维，可刺激胃肠蠕动，促进排便。而且含铁量较高，芹菜汁还有降血压作用。腐竹中含有丰富蛋白质及多种矿物质，可补充钙质。

制作方法

（1）将芹菜去叶去根，洗净切段，用沸水焯一下。

（2）将胡萝卜去皮，洗净切片，用沸水焯一下。红椒、黄椒去籽，洗净切块。腐竹泡开，切块焯水。

（3）将主、配料与调料放在一起拌匀，装盘即可。

脆芹拌木耳

主　料：芹菜15千克、干木耳1千克

配　料：胡萝卜1千克、红椒1千克、黄椒1千克

调　料：盐0.25千克、味精0.1千克、香油0.05千克、花椒油0.1千克、芝麻0.1千克

营养价值

芹菜含有大量的粗纤维，可刺激胃肠蠕动，促进排便。木耳含有维生素K，铁的含量极为丰富。

制作方法

(1) 将芹菜去根去叶，洗净切块。干木耳用清水泡开，去根洗净，用沸水焯一下。红椒、黄椒去籽，洗净切块，胡萝卜去皮洗净，切片焯水备用。

(2) 将主、配料与调料放在一起拌匀装盘撒上芝麻即可。

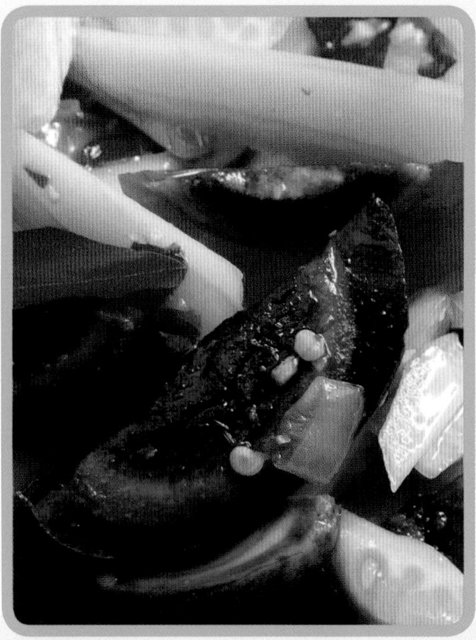

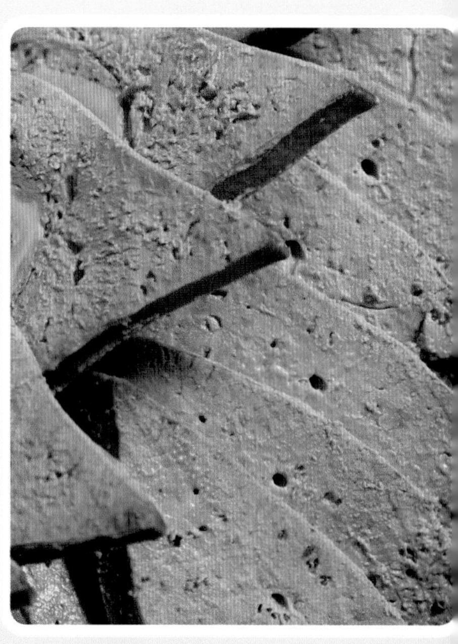

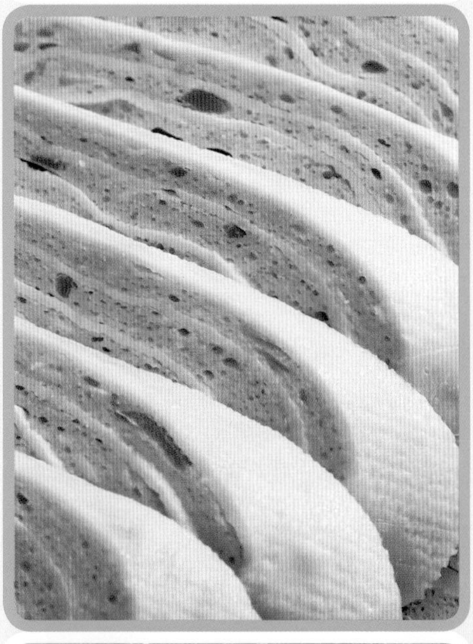

D 中国大锅菜

蛋黄鸭肉卷

主 料：咸蛋黄2.5千克、鸭胸肉5千克

配 料：香菜叶0.25千克

调 料：葱段0.05千克、姜片0.05千克、大料0.01千克、花椒0.01千克、香叶0.005千克、料酒0.05千克、盐0.025千克、味精0.05千克、胡椒粉0.01千克

营养价值

蛋黄中含有维生素A、维生素D、维生素E和维生素K，还有维生素B_2，可以预防嘴角开裂、舌炎、嘴唇疼痛等常见病痛。鸭肉性寒、味甘，归脾、胃、肺、肾经；可大补虚劳、滋五脏之阴、清虚劳之热、补血行水、养胃生津。

制作方法

（1）先将鸭胸肉用盐、味精、葱段、姜片、大料、花椒、香叶、料酒、胡椒粉腌制4至5个小时。

（2）将鸭胸肉用刀从皮和肉中间片开，不要片断，将咸蛋黄放在鸭胸肉的皮和肉中间，用保鲜膜卷好，逐个做完。

（3）上屉蒸10分钟时，用牙签将鸭胸肉上扎几个孔，再蒸30分钟，取出，用重物压在上面，晾凉后，改刀切片，码盘即可，用香菜叶点缀。

蛋黄猪肝

主 料：猪肝25千克、蛋黄1千克

配 料：生菜1千克

调 料：盐0.4千克、味精0.2千克、鸡精0.15千克、香叶0.01千克、葱0.1千克、姜0.1千克、白醋、料酒适量

营养价值

猪肝中含丰富的铁质、丰富的维生素A。食用猪肝可调节和改善贫血病人造血系统的生理功能。蛋黄中含有维生素A、维生素D、维生素E和维生素K，还有维生素 B_2，它可以预防嘴角开裂、舌炎、嘴唇疼痛等常见病痛。

制作方法

(1) 将猪肝洗净，猪肝一分为二，从侧面扎一个长孔，不要扎透。用适量清水加白醋料酒，浸泡一小时，去腥去血水。蛋黄打碎，塞入猪肝中，用牙签固定，猪肝加入调料与冷水下锅煮15分钟，焖15分钟。

(2) 生菜洗净去根，放入盆底，猪肝切片，码在上面摆匀即可。

豆豉鲮鱼拌苦菊

主 料： 苦菊20千克

配 料： 豆豉鲮鱼罐头2.5千克

调 料： 盐0.2千克、味精0.1千克、香油0.05千克、葱油0.1千克、花椒油0.01千克

营养价值

豆豉鲮鱼富含丰富的蛋白质、维生素A、钙、镁、硒等营养元素，味道鲜美。苦菊有抗菌、解热、消炎、明目等作用。

制作方法

（1）将苦菊去根，洗净切段。

（2）将苦菊与豆豉鲮鱼罐头加入调料拌匀，装盘即可。

豆皮肉卷

主　料： 干豆皮2千克、鸡胸肉1.5千克

配　料： 胡萝卜0.5千克、菠菜汁0.8千克

调　料： 葱段0.05千克、姜片0.05千克、盐0.03千克、味精0.01千克、花椒0.01千克、鸡蛋清0.5千克、淀粉少许、水适量、香油0.01千克

营养价值

豆皮性平味甘，有清热润肺、止咳消痰、养胃、解毒、止汗等功效。鸡肉性平、温、味甘，入脾、胃经，可温中益气，补精添髓。

制作方法

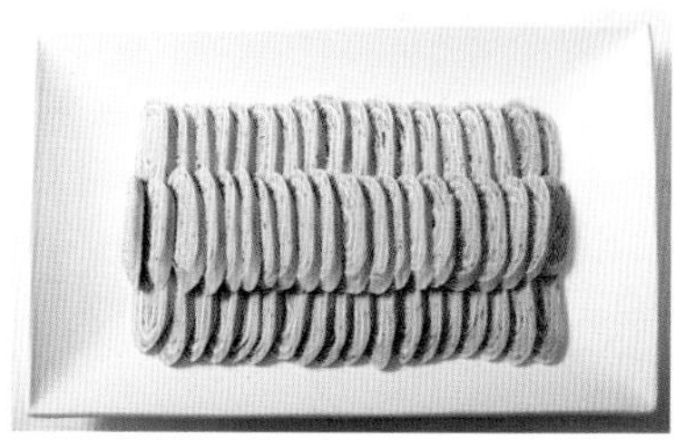

（1）先将胡萝卜去皮洗干净，切丝剁碎。

（2）将葱姜拍碎，放入盆中，加入开水和花椒，浸泡至凉。

（3）将鸡胸肉放入打碎机中，加入葱姜水、鸡蛋清，打成泥状，倒入盆中，加入菠菜汁、盐、味精，朝一个方向搅上劲，加入淀粉、胡萝卜碎继续搅拌均匀，即成肉馅。

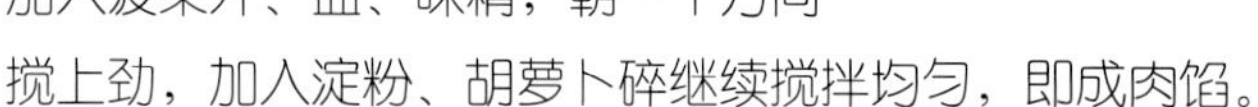

（4）将豆皮铺好，上面沾上水、淀粉，铺上一层肉馅，摊均匀，卷成卷，上屉蒸15分钟即可，取出，用重物 挤压2小时，晾凉后，淋上香油即可。

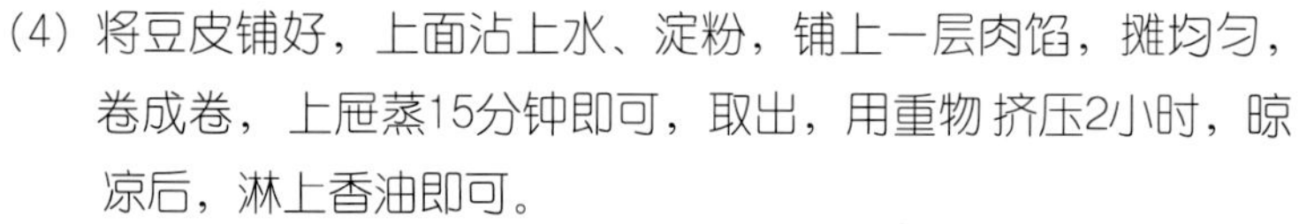

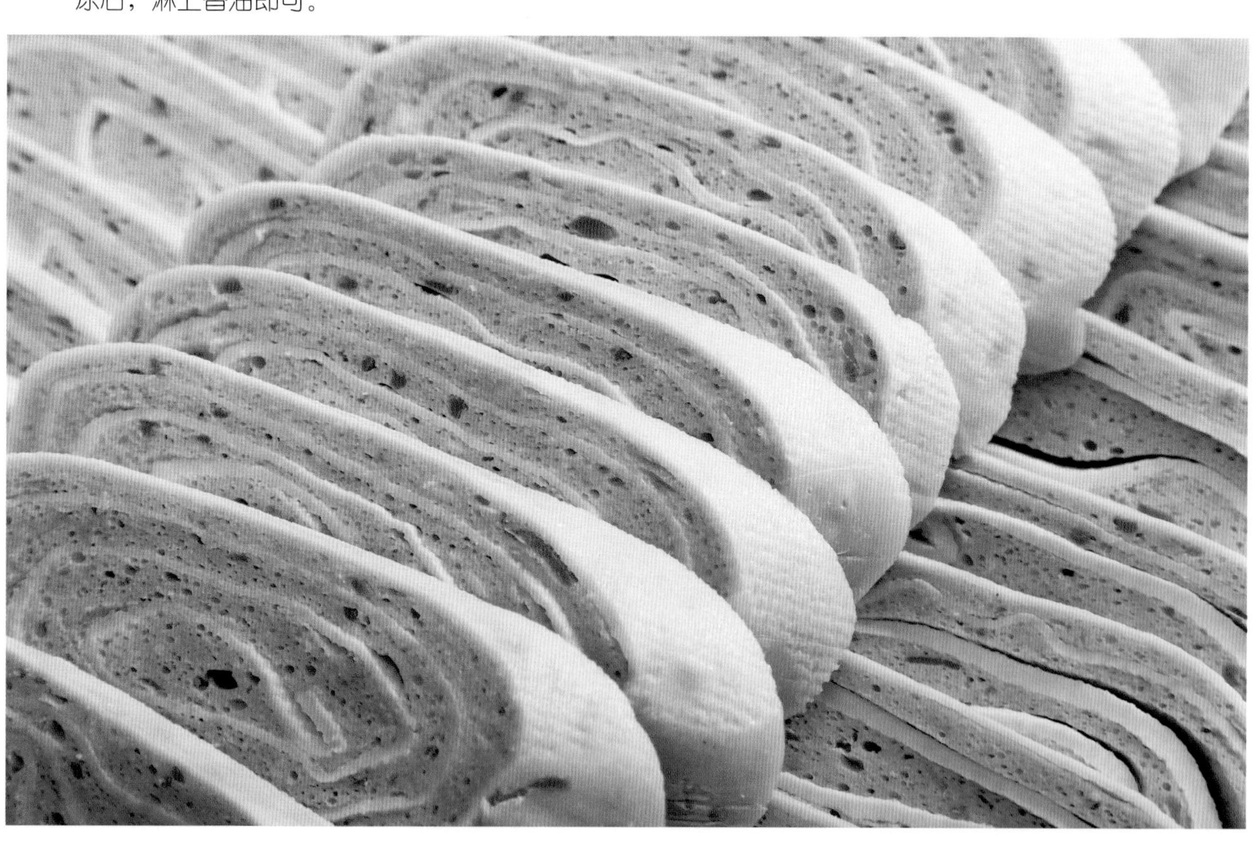

剁椒皮蛋

主 料：松花蛋5千克、黄瓜20千克

配 料：剁椒0.5千克、彩椒1千克

调 料：盐0.25千克、味精0.1千克、香油0.05千克、葱油0.2千克

营养价值

松花蛋富含钠，调节渗透压，维持酸碱平衡。维持血压正常。增强神经肌肉兴奋性。黄瓜有抗衰老、降血糖、健脾胃的作用。

制作方法

（1）将松花蛋煮熟，去皮切块备用。黄瓜去皮，洗净切块，剁椒加入油、盐、味精、鸡精即可。

（2）将主、配料与调料拌匀装盘即可。

E 中国大锅菜

俄式酸黄瓜

主　料： 黄瓜30千克

配　料： 胡萝卜2.5千克、芹菜2.5千克、葱头2.5千克、香菜1千克

调　料： 盐0.3千克、味精0.15克、白醋0.4千克、醋精0.1千克、白糖0.4千克

营养价值

黄瓜有抗衰老、降血糖、健脾胃的作用。黄瓜中含有的葫芦素，具有提高人体免疫功能的作用。

制作方法

(1) 将黄瓜去根，洗净切块。葱头去皮，切丝。香菜去根，洗净切段。胡萝卜去皮，洗净切丝。芹菜去根去叶，洗净切块。

(2) 将主、配料与调料放入盆中拌匀，上蒸箱蒸30分钟，取出晾凉，装盘即可。

F 中国大锅菜

番茄虾球

主 料： 虾仁15千克

配 料： 黄瓜皮1千克、紫甘蓝2.5千克

调 料： 番茄沙司1.5千克、甜辣酱1.5千克

营养价值

虾仁性平味甘，有化痰止咳，通乳生乳，消食，壮阳壮腰，强筋壮骨之功效。黄瓜有抗衰老、降血糖、健脾胃的作用。紫甘蓝含有丰富的维生素C、维生素V和较多的维生素E和B族维生素。

制作方法

（1）将虾仁放入沸水中焯熟，取出过凉备用。

（2）将黄瓜皮洗净，切成块。紫甘蓝切丝。

（3）紫甘蓝垫底，把虾仁与调料拌匀，放入盘中，黄瓜皮放在上面，装饰即可。

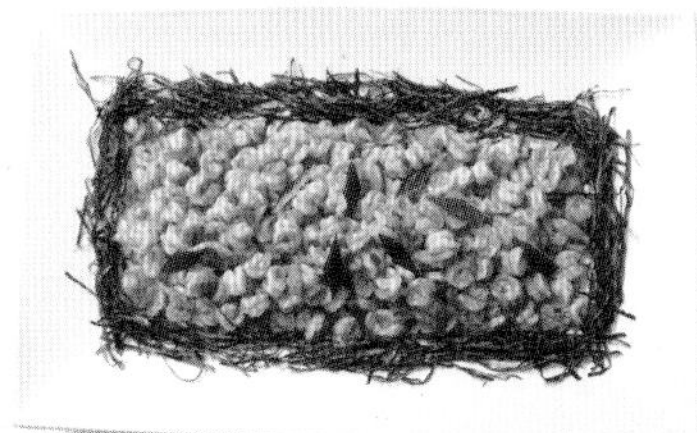

风干肠

主 料： 风干肠10千克

配 料： 黄瓜20千克

调 料： 盐0.1千克、味精0.15千克、葱油0.15千克、香油0.05千克

营养价值

风干肠性平味甘，能补充身体能量。黄瓜有抗衰老、降血糖、健脾胃的作用。

制作方法

(1) 将肉切丁，加入香料粉、白酒适量，上劲儿，取肠衣洗净，灌入肉丁，晾干，即为干肠。

(2) 将晾干的干肠上火蒸20分钟，取出晾凉切片，黄瓜切丝。

(3) 将切好的主、配料加入调料拌匀装盘即可。

夫妻肺片

主 料： 牛心10千克、牛肺10千克、金钱肚10千克

配 料： 香菜0.5千克

调 料： 盐0.25千克、味精0.1千克、香油0.2千克、酱油0.2千克、花椒粉0.2千克、葱、姜各0.1千克

营 养 价 值

牛心可养血补心，治健忘、惊悸之症；牛肺味咸，性平，入肺经；有补肺止咳的作用。

制 作 方 法

(1) 将牛心、牛肺、金钱肚清洗干净，放入锅中煮熟，取出切片备用。

(2) 香菜去根，洗净切段。

(3) 将主料与调料拌匀，上面放上香菜，装饰即可。

G

中国大锅菜

干拌牛肉

主　料： 牛肉20千克

配　料： 黄瓜20千克、大葱5千克、香菜1千克

调　料： 盐0.25千克、味精0.1千克、香油0.1千克、花椒油0.1千克、辣椒油0.2千克、酱油0.2千克、蒜末0.1千克

营养价值

牛肉含有丰富的蛋白质，氨基酸组成比猪肉更接近人体需要，能提高机体抗病能力。中医认为牛肉味甘、性平，归脾、胃经，具有补脾胃、益气血、强筋骨、消水肿等功效。黄瓜有抗衰老、降血糖、健脾胃的作用。

制作方法

(1) 锅内放水，加葱、姜、香料、老抽、生抽调制酱汤，将牛肉放入锅内，煮熟后取出，晾凉，切片备用。

(2) 将黄瓜去皮，洗净切块，大葱去皮去根切丝，香菜去根切段。

(3) 将牛肉和配料、调料放在一起拌匀，装盘即可。

干炸多春鱼

主 料： 多春鱼5千克

配 料： 香芹0.05千克、香菜0.02千克、胡萝卜0.05千克、葱头0.05千克、干面粉适量、油适量

调 料： 葱段0.02千克、姜片0.02千克、干辣椒0.02千克、花椒0.02千克、大料0.02千克、料酒0.01千克、盐0.1千克、味精0.02千克

营养价值

多春鱼性平味甘，健脑，益肝，健脾，润肠，有养颜护肤的作用。

制作方法

(1) 将多春鱼洗净后，用葱段、干辣椒、花椒、大料、胡椒粉、盐、味精、料酒、香菜、芹菜、胡萝卜、葱头腌制12小时。

(2) 起锅上火加油，油温五至六成热时，将鱼沾上一层干面粉，下入锅内，炸熟捞出，晾凉后，码放在盘中，用芹菜叶和红尖椒点缀即可。

特点：外酥里[illegible]美。

橄榄菜青豆

主 料：青豆20千克、橄榄菜0.2千克

配 料：红椒1千克、黄椒1千克

调 料：盐0.15千克、味精0.1千克、香油0.05千克、葱油0.1千克、花椒油0.1千克

营养价值

橄榄菜中钙的含量很高，还含有铁、锌、镁等多种微量元素。青豆富含不饱和脂肪酸和大豆磷脂，有保持血管弹性、健脑和防止脂肪肝形成的作用，还含有皂角苷、蛋白酶抑制剂、异黄酮、钼、硒等成分。

制作方法

（1）将青豆洗净，放入锅中煮熟，取出过凉。红椒、黄椒去籽，洗净切丁。

（2）将主、配料与调料拌匀装盘即可。

怪味花生

主　料：花生米2.5千克
配　料：面粉0.25千克、淀粉0.28千克
调　料：盐0.05千克、孜然面0.05千克、花椒面0.03千克、辣椒面0.05千克、白糖0.1千克、油适量、水适量

营养价值

花生米可增强记忆力、健脑和抗衰老。

制作方法

（1）起锅上火，加入油和花生（凉油下锅），炸至听到响声后，再炸两分钟，花生米就熟了，捞出，沥油，晾凉。
（2）将面粉、淀粉和水搅拌成面糊，加入盐、白糖、孜然面、花椒面、辣椒面搅拌均匀。
（3）另起锅上火，加入油，油温五至六成热时，将炸好的花生米沾糊，炸至酥脆时捞出，沥油，晾凉，即可装盘。

怪味兔肉

主 料： 兔肉40千克

配 料： 香菜0.5千克

调 料： 盐0.2千克、鸡精0.1千克、葱姜适量、香料适量、红椒粉0.1千克、大豆油0.2千克

营养价值

兔肉味甘、性凉，入肝、脾、大肠经，具有补中益气、凉血解毒、清热止渴等作用。

制作方法

(1) 锅内放油，加入红椒粉、盐、鸡精，炒香取出备用。

(2) 将兔肉放锅中，加入盐、鸡精、葱姜、香料煮熟，取出切块备用，香菜去根，洗净切段。

(3) 将调好的汁与兔肉拌匀装盘，放上香菜装饰即可。

桂花糯米藕

主 料： 藕20千克
配 料： 糯米2.5千克
调 料： 白糖2.5千克、糖桂花2.5千克、红曲米适量

营养价值

藕味甘、性寒，入心、脾、胃经；具有清热、生津、凉血、散瘀、补脾、开胃、止泻的功效。糯米含有蛋白质、脂肪、糖类、钙、磷、铁、维生素B族及淀粉等成分，具有补中益气、暖脾胃的作用。

制作方法

（1）将藕去皮，洗净；糯米用水泡四个小时。
（2）将泡好的糯米与糖桂花拌匀，塞入藕中，两端堵住，放入锅中。
（3）锅中加水、红曲米、白糖，小火煮两小时，取出晾凉，切片装盘即可。

桂花皮冻

主　料： 猪肉皮3.5千克、水10.5千克

配　料： 桂花酱0.05千克、鸡蛋0.5千克

调　料： 盐0.035千克、味精0.005千克、醋0.02千克、香油0.01千克、生抽0.05千克、蒜蓉0.05千克、辣椒油0.02千克，葱段0.05千克、姜片0.05千克

营养价值

猪肉皮味甘、性凉，有滋阴补虚，养血益气之功效。

制作方法

（1）先将猪肉皮焯水，捞出，去掉猪毛和肥膘肉，洗干净切成丝，倒入盆中，加入水（皮和水的比例是1：3）、盐、生抽和葱段、姜片，用保鲜膜封好，上屉蒸3个小时。

（2）取出拣去葱姜，将猪肉皮捞出，放在一个盆中，将蒸好的皮冻汁倒入另一个盆中，将鸡蛋打散成蛋液，转圈倒入皮冻汁中，冷却后，放在冰箱保持常温，食用时，切片放在盘中。

（3）将蒜蓉、桂花酱、醋、辣椒油、香油、盐、味精兑成碗汁，浇在盘中即可。

果仁菠菜

主 料： 菠菜25千克、去皮花生5千克

配 料： 胡萝卜1千克、红椒1千克、黄椒1千克

调 料： 盐0.25千克、味精0.05千克、糖0.05千克、香油0.05千克、葱油0.1千克、米醋0.2千克

营养价值

菠菜含有维生素C、胡萝卜素、蛋白质，以及铁、钙、磷等矿物质。可促进生长发育、促进人体新陈代谢，增强抗病能力，有通肠导便之功效。

制作方法

（1）将菠菜去根洗净，切段，用沸水焯过。花生炸熟。配料切丝备用。

（2）将主、配料与调料拌匀装盘即可。

果仁油菜

主 料： 油菜25千克、花生5千克

配 料： 胡萝卜1千克、木耳0.5千克

调 料： 盐0.25千克、味精0.1千克、香油0.05千克、葱油0.1千克、花椒油0.1千克

营养价值

油菜中含有蛋白质、脂肪、碳水化合物、膳食纤维等营养成分，可降血脂，解毒消肿，宽肠通便，强身健体。花生米可增强记忆力、健脑和抗衰老。

制作方法

(1) 将油菜去根，洗净切块。干木耳泡开，去根切块，焯水备用。胡萝卜去皮，洗净，切片，焯水备用。花生米炸熟。

(2) 将主、配料与调料拌匀装盘即可。

果味瓜条

主 料： 冬瓜30千克
配 料： 香菜0.5千克
调 料： 浓缩橙汁1.6千克、白醋0.6千克、白糖0.6千克

营养价值

冬瓜可利尿消肿、减肥、清热解暑，是一种药食兼用的蔬菜，具有多种保健功效。

制作方法

(1) 将冬瓜去皮，洗净切片，焯水备用。调料调成汁后倒入冬瓜中泡至12小时。
(2) 香菜去根，洗净切段。
(3) 把泡好的瓜条装盘，放上香菜装饰即可。

H

中国大锅菜

海米翡翠柿子椒

主 料： 青椒20千克、黄瓜15千克

配 料： 红椒1千克、海米1千克

调 料： 盐0.3千克、味精0.1千克、香油0.05千克、葱油0.1千克、花椒油0.1千克

营养价值

柿子椒含有丰富的维生素C、维生素K。黄瓜有抗衰老，降血糖，健脾胃的作用。

制作方法

（1）青椒、红椒去籽洗净，切块焯水备用。黄瓜去根，洗净切块。海米放入锅中，炒熟备用。

（2）将主、配料与调料拌匀装盘即可。

海米炝三样

主 料： 西芹15千克、菜花15千克、海米0.5千克

配 料： 胡萝卜2.5千克

调 料： 盐0.3千克、味精0.1千克、香油0.05千克、葱油0.2千克

营养价值

西芹性凉、味甘，含有芳香油及多种维生素、多种游离氨基酸等物质，有促进食欲、降低血压、健脑、清肠利便、解毒消肿、促进血液循环等功效。菜花可清化血管、解毒肝脏。海米富含钙、磷等多种对人体有益的微量元素。

制作方法

（1）将西芹去根去叶，洗净切块，焯水备用。菜花去根洗净，切块焯水备用。海米煮熟过凉。胡萝卜去皮洗净，切片，焯水备用。

（2）将主、配料与调料拌匀装盘即可。

韩式辣白菜

主 料：白菜40千克

配 料：苹果0.25千克、梨0.25千克、白萝卜0.2千克

调 料：韩国辣椒酱0.5千克、辣椒粉0.2千克、浓缩橙汁0.1千克、白糖0.2千克、盐0.5千克

营养价值

白菜中含有丰富的维生素C、维生素E，有解热除烦、通利肠胃、养胃生津、除烦解渴、利尿通便、清热解毒之功效。

制作方法

（1）将白菜劈开，抹盐腌制4小时去水备用。

（2）将配料切片，倒入调料搅匀。

（3）将去水分的白菜用调好的酱一层一层抹匀置入盆中，腌制3天即可食用。

蚝油生菜

主 料： 生菜25千克

配 料： 红椒1千克、黄椒1千克

调 料： 盐0.2千克、味精0.1千克、糖0.2千克、蚝油1.5千克、老抽0.05千克

营养价值

生菜味甘、性凉，具有清热爽神、清肝利胆、养胃的功效。

制作方法

(1) 生菜去根洗净，掰块备用。红椒、黄椒去籽洗净，切丝备用。

(2) 将锅烧热，放入调料、水，熬蚝油汁。

(3) 将生菜与蚝油汁拌匀，放入红椒、黄椒装饰即可。

红酒雪梨

主 料：雪梨15千克

配 料：生菜1千克

调 料：红酒2千克、冰糖0.8千克、雪碧0.8千克

营养价值

雪梨味甘性寒，含苹果酸、柠檬酸、维生素B_1、维生素B_2、维生素C、胡萝卜素等，具生津润燥、清热化痰之功效，特别适合秋天食用。

制作方法

（1）将梨去皮，去心，洗净切块。紫甘蓝切丝，洗净垫盘底。

（2）锅内加水，放入雪梨、调料，煮1小时，煮熟取出，切片装盘即可。

红油大虾

主 料： 生大虾3千克

配 料： 葱段0.5千克

调 料： 酱油0.02千克、味精0.005千克、白糖0.01千克、花椒面0.01千克、红油辣椒0.05千克、盐0.02千克、香油0.015克、姜片0.02千克、盐0.02千克

营养价值

大虾性温，味甘，可补肾壮阳，上乳汁，解毒。

制作方法

（1）先将大虾去掉虾线，虾腔处理好，冲洗干净。

（2）锅内加水，下入葱段、姜片、花椒，煮出味后，捞出葱姜，下入虾，煮熟捞出，倒入盆中，加少许盐和香油拌均匀，晾凉。

（3）起锅下入油，葱白段炸香后，下入红油辣椒炒香，再加入酱油、味精、白糖、花椒面、虾，拌均匀，晾凉后，装盘即成，用香菜叶点缀。

红油兔丁

主 料： 兔腿肉15千克、黄瓜15千克

配 料： 胡萝卜2.5千克

调 料： 盐0.25千克、味精0.15千克、香油0.05千克、葱油0.1千克、辣椒油0.2千克

营养价值

兔肉味甘、性凉，入肝、脾、大肠经；具有补中益气、凉血解毒、清热止渴等作用。黄瓜有抗衰老、降血糖、健脾胃的作用。

制作方法

(1) 将兔腿洗净，放入锅中，加入葱、姜、盐，煮熟取出，晾凉切丁备用。黄瓜洗净，去根切丁；胡萝卜去皮，洗净，切丁，焯水备用。

(2) 将主、配料放在一起，加上调料拌匀后，装盘即可。

红油猪耳

主 料： 猪耳10千克、土豆10千克

配 料： 香菜0.5千克、红椒0.5千克、黄椒0.5千克

调 料： 盐0.2千克、味精0.1千克、生抽0.2千克、香油0.1千克、葱油0.2千克、花椒油0.2千克、葱末0.2千克

营养价值

猪耳含有蛋白质、脂肪、碳水化合物、维生素及钙、磷、铁等，具有补虚损、健脾胃的功效，适用于气血虚损、身体瘦弱者食用。土豆含有丰富的维生素A和维生素C以及矿物质，还含有大量木质素等，被誉为人类的“第二面包”。

制作方法

（1）锅内放水，加入葱、姜、香料、生抽、老抽，调制酱汤，将猪耳放入，煮熟切丝备用。

（2）将土豆去皮洗净，切丝，用热水焯熟。香菜去根，洗净切段，红椒、黄椒去籽，洗净切丝。

（3）将耳丝与配料、调料放在一起拌匀，装盘即可。

琥珀桃仁

主　料： 核桃仁15千克
配　料： 熟芝麻1千克
调　料： 白糖1千克、麦芽糖0.5千克

营养价值

中医认为，桃仁中含有多种人体需要的微量元素，有顺气补血，止咳化痰，润肺补肾等功能。芝麻性味甘、平，入肝、肾二经，是滋补保健佳品。

制作方法

（1）核桃仁焯水备用。

（2）将白糖、麦芽糖加水熬化，变浓稠后加入焯过水的桃仁，使桃仁均匀裹上糖汁，倒入漏勺里控净多余的糖汁。

（3）锅内倒油，升温，加入裹好糖汁的核桃仁，炸透，放入托盘中，撒匀熟芝麻即可。

黄瓜拌牛筋

主　料：黄瓜20千克、牛筋10千克

配　料：红椒1千克

调　料：盐0.25千克、味精0.1千克、香油0.05千克、花椒油0.1千克、酱油0.2千克、辣椒油0.2千克、蒜末0.2千克

营养价值

牛筋中含有丰富的胶原蛋白质，脂肪含量也比肥肉低，并且不含胆固醇。黄瓜有抗衰老、降血糖、健脾胃的作用。

制作方法

(1) 将牛筋洗净放入高压锅中，加入盐、葱、姜、酱油、生抽、香料煮半小时后取出，切条。黄瓜去根，洗净切块。红椒去籽，洗净切块。

(2) 将主、配料与调料拌匀装盘即可。

黄瓜拌肘花

主　料： 肘花15千克、黄瓜20千克

调　料： 盐0.2千克、味精0.1千克、香油0.05千克、葱油0.15千克、花椒油0.1千克、酱油0.2千克、辣椒油0.1千克

营养价值

黄瓜有抗衰老、降血糖、健脾胃的作用。肘花肉含较多的蛋白质，特别是含有大量的胶原蛋白质，肘花肉味甘咸、性平，有和血脉、润肌肤、填肾精、健腰脚的作用。

制作方法

（1）锅内放水，加入盐、葱、姜、生抽，老抽、香料适量，加入肘子，酱至熟时取出，去骨，用保鲜膜包成卷，切成片。黄瓜去根，洗净切块。

（2）将主料与调料拌匀装盘即可。

黄瓜粉丝

主 料： 黄瓜15千克、粉丝0.5千克、胡萝卜1.5千克

配 料： 红椒0.5千克、黄椒0.5千克

调 料： 盐0.25千克、味精0.1千克、香油0.05千克、葱油0.1千克、花椒油0.1千克

营养价值

黄瓜有抗衰老、降血糖、健脾胃的作用。粉丝富含碳水化合物、膳食纤维、蛋白质等。

制作方法

(1) 将黄瓜去皮去根，洗净切丝。干粉丝热水泡开。红、黄椒切丝。胡萝卜去皮去根，切丝焯水备用。

(2) 将黄瓜、粉丝、胡萝卜、红黄椒丝与调料放在一起拌匀，装盘即可。

火腿拌西芹

主　料： 芹菜15千克、火腿15个、胡萝卜1千克

调　料： 盐0.2千克、味精0.05千克、葱油0.1千克、香油0.05千克

营养价值

中医认为，芹菜有平肝降压、利尿消肿的作用，且含铁量较高，养血补虚。

制作方法

(1) 芹菜洗净，改刀切成菱形块。胡萝卜洗净去皮，改刀切成菱形片。将芹菜、胡萝卜焯水，捞出，放入冷水中过凉。火腿切成菱形片。

(2) 将芹菜、胡萝卜、火腿片放入盆内，加入调料拌匀装盘即可。

火腿荷兰豆

主 料： 荷兰豆15千克、火腿10个

调 料： 盐0.25千克、味精0.1千克、香油0.05千克、葱油0.2千克

营养价值

中医认为，荷兰豆性平、味甘，具有和中下气、利小便、解疮毒等功效，能益脾和胃、生津止渴、除呃逆、止泻痢、解渴通乳。

制作方法

（1）荷兰豆去筋洗净，沸水焯熟备用。火腿切菱形片备用。

（2）将主、配料与调料拌匀装盘即可。

J 中国大锅菜

尖椒香菜

主　料： 尖椒15千克

配　料： 红椒5千克、香菜1千克、大葱5千克

调　料： 精盐0.2千克、味精0.1千克、生抽0.2千克、米醋0.2千克、香油0.05千克、葱油0.1千克

营养价值

尖椒含丰富的维生素，可解热、镇痛、增加食欲，帮助消化、降脂减肥。

制作方法

（1）将尖椒、红椒切圈，大葱切丝，香菜切段。

（2）将改刀后的主、配料加入调料拌匀装盘即可。

姜汁豇豆

主 料： 豇豆15千克

配 料： 红椒1千克、仔姜0.5千克

调 料： 盐0.25千克、味精0.1千克、香油0.05千克、葱油0.15千克、酱油0.15千克、芥末0.2千克

营养价值

豇豆富含优质的蛋白质、碳水化合物及多种维生素、微量元素等，可补充机体的营养素。

制作方法

（1）将豇豆洗净切段，焯水三分钟冲凉后备用。

（2）红椒去籽，洗净切块、仔姜切末。

（3）主料、配料与调料拌匀装盘即可。

酱拌土豆茄子

主 料： 土豆20千克、长茄20千克

配 料： 香菜1千克

调 料： 盐0.2千克、味精0.1千克、干黄酱0.8千克、葱0.2千克、 姜0.2千克、 大豆油0.4千克

营养价值

土豆含有丰富的维生素A和维生素C以及矿物质，还含有大量木质素等，被誉为人类的“第二面包”。茄子含有蛋白质、脂肪、碳水化合物、维生素以及钙、磷、铁等多种营养成分。

制作方法

(1) 将土豆去皮，洗净切块，焯水备用。茄子去根洗净，切块蒸熟。香菜去根，洗净切段。

(2) 干黄酱用水调开，加入食用油、葱、姜等调料炸熟。

(3) 将主料、配料放在一起，加入调料及酱料拌匀，装盘即可。

酱萝卜

主　料：白萝卜35千克

配　料：美人椒0.25千克、香菜0.5千克

调　料：盐0.2千克、味精0.15千克、老抽0.05千克、生抽0.2千克、美极鲜酱油0.2千克、白糖0.5千克

营养价值

中医认为，萝卜味甘、辛、性凉，入肺、胃、大肠经；具有清热生津、凉血止血、下气宽中、消食化滞、开胃健脾、顺气化痰的功效。

制作方法

(1) 将白萝卜去皮，洗净切片。美人椒去根，洗净切段。香菜去根，洗净切段。

(2) 将调料拌匀，加入白萝卜，腌制24小时即可，放上美人椒、香菜，装盘即可。

椒麻腰片

主 料：腰子15千克

配 料：大葱2.5千克、生菜1千克

调 料：盐0.2千克、味精0.15千克、香油0.05千克、葱油0.1千克、花椒油0.5千克、生抽0.2千克、蒜片0.05千克、干辣椒段0.05千克

营养价值

中医认为，腰子味甘咸、性平，入肾经，有补肾、强腰、益气的作用。

制作方法

(1) 将腰子洗净切片，放入锅中焯熟，取出过凉。

(2) 大葱去根去叶，洗净切块与腰片放在一起，加入调料。锅内烧油，加上花椒炸香，浇在腰片上。将生菜洗净，垫在盘底，放入已拌好的腰片即可。

椒盐花生米

主 料：花生米15千克

调 料：椒盐0.1千克

营养价值

经常吃一些花生米可增强记忆力、健脑和抗衰老。

制作方法

（1）将花生放入锅中，炸至熟时取出，放入椒盐拌匀。

（2）用餐时，将拌好的椒盐花生米装盘即可。

椒油苤蓝

主 料： 苤蓝20千克

配 料： 红椒1.5千克、香菜0.5千克

调 料： 盐0.25千克、味精0.1千克、香油0.05千克、花椒油0.2千克

营养价值

中医认为，苤蓝味甘、性凉、辛，归大肠、膀胱经；有利水消肿、止咳化痰、清神明目、醒酒降火、解毒的功效。

制作方法

（1）将苤蓝去皮洗净，切丝备用。红椒去籽，洗净切丝。香菜去根，洗净切段。

（2）将主、配料与调料拌匀装盘即可。

椒油炝蒜薹

主 料： 蒜薹15千克

配 料： 胡萝卜2.5千克

调 料： 盐0.25千克、味精0.1千克、葱油0.1千克、花椒油0.15千克

营养价值

蒜薹可温中下气，补虚，调和脏腑。蒜薹外皮含有丰富的纤维素，可刺激大肠排便，减轻便秘的症状。

制作方法

(1) 将蒜薹去头去根，洗净切段，沸水焯后备用。胡萝卜去皮，洗净切条，沸水焯后备用。

(2) 将胡萝卜、蒜薹与调料拌匀装盘即可。

芥末黄喉

主　料： 黄喉10千克、黄瓜20千克
配　料： 胡萝卜1千克
调　料： 盐0.25千克、味精0.15千克、香油0.05千克、葱油0.2千克、芥末油0.1千克

营养价值

黄喉性平味甘，有通血的作用，可提供血红素和促进铁吸收的半胱氨酸，能改善缺铁性贫血。

制作方法

（1）将黄喉洗净，沸水煮熟，取出过凉，切块备用。黄瓜去根，洗净切块。胡萝卜去皮洗净，切片焯水备用。
（2）将主、配料与调料拌匀装盘即可。

芥末鸭掌

主　料： 鸭掌15千克、黄瓜15千克

配　料： 红椒1千克、香菜0.5千克

调　料： 盐0.25千克、味精0.15千克、香油0.05千克、芥末油0.25千克、葱油0.2千克

营养价值

鸭掌性平味甘，含有丰富的胶原蛋白和同等质量的熊掌的营养相当。从营养学角度讲，鸭掌多含蛋白质，低糖，少有脂肪，可以称鸭掌为绝佳减肥食品。黄瓜有抗衰老、降血糖、健脾胃的作用。

制作方法

（1）将鸭掌洗净，焯水取出晾凉，切块备用。黄瓜洗净切块。红椒去籽洗净切块，香菜去根，洗净切段。

（2）将主料、配料放在一起，加入调料拌匀，装盘即可。

金银双脆

主 料： 白萝卜20千克、胡萝卜10千克、香菜0.5千克

调 料： 盐0.25千克、味精0.05千克、花椒油0.1千克

营养价值

中医认为，白萝卜味甘、辛、性凉，入肺、胃、大肠经；具有清热生津、凉血止血、下气宽中、消食化滞、开胃健脾、顺气化痰的功效。

制作方法

（1）将白萝卜和胡萝卜洗净去皮。

（2）改刀切成小片，放入盆中，加入盐、味精、花椒油，拌匀装盘，撒上香菜即可。

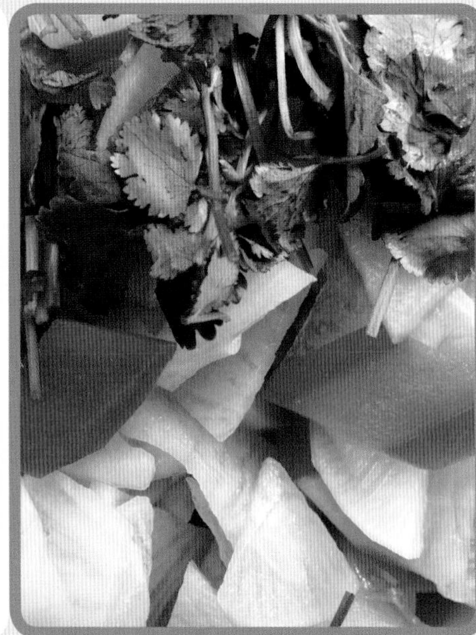

K
中国大锅菜

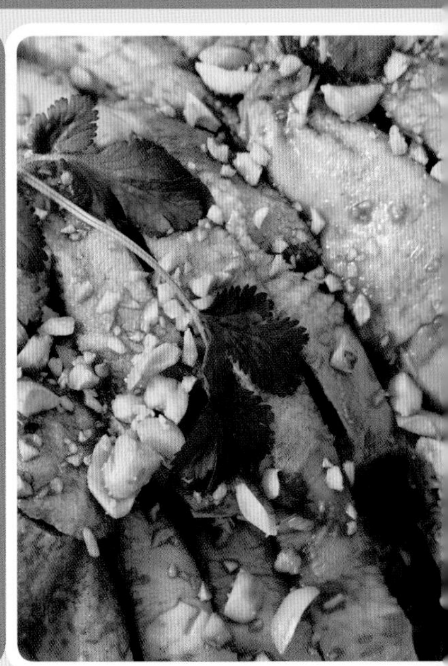

烤雕鱼

主 料： 雕鱼20千克

配 料： 黄瓜1千克

调 料： 盐0.25千克，味精0.1千克，酱油0.4千克，葱、姜、香菜、葱头、芹菜、胡萝卜适量，烧烤酱适量

营养价值

雕鱼含蛋白质、钙、钾、硒等营养元素，为人体补充丰富的蛋白质及矿物质。黄瓜有抗衰老、降血糖、健脾胃的作用。

制作方法

（1）将雕鱼洗净，放入盆中，加入调料、葱、姜、香菜、葱头、芹菜、盐、胡萝卜适量，腌制12小时，取出刷上烧烤酱，放入烤箱，以220℃的温度烤10分钟，取出即可。

（2）黄瓜切丝垫底，已烤好的雕鱼放在上面即可。

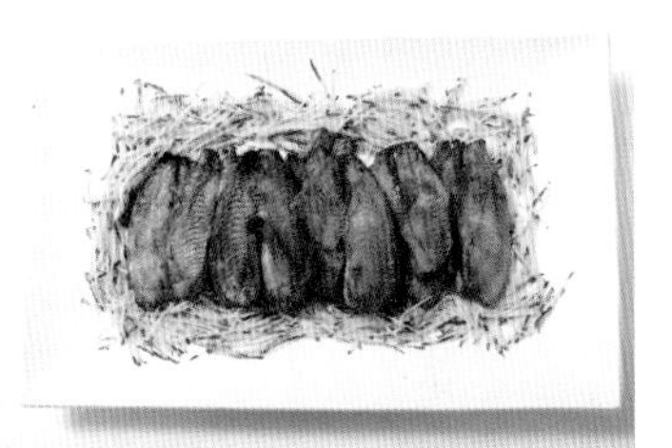

口水鸡

主　料： 三黄鸡30千克

配　料： 香菜0.5千克，炖鸡配料（葱0.5千克、姜0.35千克、大料0.01千克、香叶0.01千克）

调　料： 精盐0.3千克、味精0.1千克、红油0.15千克、麻酱0.1千克、花生碎0.1千克、生抽0.1千克、糖0.05千克

营养价值

三黄鸡属于低胆固醇、低盐、低脂肪、高蛋白的“三低一高”健康食品。

制作方法

(1) 将鸡去内脏洗净，葱、姜切片备用。

(2) 烧沸水将鸡焯至六成熟，换水，加葱、姜、大料、香叶，将鸡煮熟取出晾凉。

(3) 把鸡改刀入盘，将调料调汁，浇在鸡肉上即可。

苦瓜拌木耳

主 料：苦瓜20千克、木耳1千克

配 料：红椒1千克

调 料：盐0.25千克、味精0.1千克、香油0.05千克、葱油0.2千克

营养价值

苦瓜含蛋白质、碳水化合物、镁、钙、多种氨基酸、苦瓜苷、苦瓜蛋白、硒、锌、维生素C、钾、胡萝卜素等成分，气味苦、无毒、性寒，入心、肝、脾、肺经。中医认为苦瓜具有清热祛暑、明目解毒、利尿凉血、解劳清心、益气壮阳之功效。木耳含有维生素K，铁的含量极为丰富。

制作方法

（1）将苦瓜去籽洗净，切片焯水备用。干木耳用凉水泡开，切块，焯水备用。红椒去籽，洗净切块。

（2）将主、配料与调料拌匀装盘即可。

L 中国大锅菜

辣拌萝卜条

主 料： 白萝卜20千克

调 料： 香菜0.5千克、红椒1千克、黄椒1千克

配 料： 盐0.25千克、味精0.1千克、葱油0.1千克、香油0.05千克、辣椒酱0.2千克

营养价值

中医认为，萝卜味甘、辛、性凉，入肺、胃、大肠经；具有清热生津、凉血止血、下气宽中、消食化滞、开胃健脾、顺气化痰 的功效。

制作方法

（1）将萝卜去皮去叶，洗净切条备用。红、黄椒去籽。洗净切条。香菜去根，洗净切段。

（2）将主、配料放在一起，加入调料拌匀装盘即可。

辣豆干拌黄瓜

主　料：黄瓜25千克、豆干7.5千克

配　料：胡萝卜1千克

调　料：盐0.25千克、味精0.1千克、生抽0.2千克、香油0.03千克、辣椒油0.2千克

营养价值

黄瓜有抗衰老、降血糖、健脾胃的作用。豆干含有大量蛋白质、脂肪、碳水化合物，还含有钙、磷、铁等多种人体所需的矿物质。

制作方法

（1）将豆干切条，放人锅中，加人盐、味精、鸡精、老抽、生抽、糖适量，煮熟取出。黄瓜去根，洗净切块。胡萝卜去皮洗净，切片焯水备用。

（2）将主、配料与调料拌匀装盘即可。

辣酱土豆丁

主 料： 土豆25千克、胡萝卜2.5千克

配 料： 青豆2.5千克

调 料： 盐0.2千克、味精0.1千克、香油0.05千克、葱油0.02千克、辣妹子辣酱0.8千克、牛肉酱0.8千克

营养价值

土豆含有丰富的维生素A和维生素C以及矿物质，还含有大量木质素等，被誉为人类的“第二面包”。胡萝卜益肝明目、利膈宽肠。

制作方法

（1）将土豆去皮洗净，切丁焯水备用。
胡萝卜去皮洗净，切丁焯水备用。
青豆洗净，焯水备用。

（2）将主、配料与调料拌匀装盘即可。

辣萝卜丝

主 料： 白萝卜22.5千克
配 料： 香菜0.5千克、美人椒0.05千克
调 料： 盐0.25千克、味精0.1千克、香油0.05千克、辣椒油0.3千克

营养价值

中医认为，白萝卜味甘、辛、性凉，入肺、胃、大肠经；具有清热生津、凉血止血、下气宽中、消食化滞、开胃健脾、顺气化痰的功效。

制作方法

（1）将白萝卜去皮洗净，切段备用。美人椒洗净切段。
（2）将主、配料与调料拌匀装盘即可。

蓝莓山药

主　料： 山药30千克

调　料： 蓝莓酱0.5千克、糖0.2千克、白醋0.1千克

营养价值

中医认为山药味甘、性平，入肺、脾、肾经；不燥不腻；具有健脾补肺、益胃补肾、固肾益精、聪耳明目、助五脏、强筋骨、长志安神、延年益寿的功效。蓝莓的果胶含量很高，能有效降低胆固醇，它还含花青素，可以强化视力，防止眼球疲劳。

制作方法

（1）将山药去皮洗净，切滚刀块。

（2）把调料拌匀，山药焯水过凉。

（3）将山药加入调料，拌匀装盘即可。

老醋花生

主　料： 花生15千克

配　料： 香菜1.5千克、大葱2.5千克

调　料： 盐0.25千克、味精0.1千克、糖0.1千克、米醋0.75千克、陈醋0.5千克、生抽0.4千克、香油0.05千克、葱油0.2千克

营养价值

花生米可增强记忆力、健脑和抗衰老。

制作方法

（1）将花生用油炸熟备用。

（2）将香菜去根，洗净切段。大葱去根，洗净切丝。

（3）将花生与配料、调料放在一起拌匀，装盘即可。

老虎菜

主　料：葱头12.5千克

配　料：红椒1千克、香菜0.5千克、尖椒2.5千克

调　料：盐0.25千克、味精0.1千克、酱油0.2千克、香油0.05千克、葱油0.1千克、花椒油0.1千克

营养价值

葱头中含有微量元素硒，它的特殊作用是能使人体产生大量谷胱甘肽，谷胱甘肽的生理作用是输送氧气，供细胞呼吸。

制作方法

(1) 将葱头去皮切丝。香菜去根，洗净切段。红椒、尖椒去籽去根，洗净切丝。

(2) 将主、配料与调料搅拌均匀即可。

凉拌北极贝

主 料：北极贝10千克、黄瓜20千克

调 料：盐0.5千克、味精1.5千克、香油0.5千克、葱油0.1千克、芥末油0.5千克

营养价值

北极贝是海鲜中极品，脂肪低、味道美、营养价值高，富含铁质，对人体有良好的保健功效。黄瓜有抗衰老、降血糖、健脾胃的作用。

制作方法

（1）将黄瓜洗净，去根切丝备用。

（2）将北极贝焯水取出，晾凉备用。

（3）将主、配料与调料拌匀装盘即可。

凉拌脆海参

主　料： 脆海参10千克、黄瓜20千克

配　料： 红椒1千克

调　料： 盐0.2千克、味精0.1千克、香油0.05千克、米醋0.2千克、芥菜油0.05千克、葱油0.2千克

营养价值

海参补肾益精，养血润燥。黄瓜有抗衰老、降血糖、健脾胃的作用。

制作方法

（1）将脆海参洗净，切条焯水备用。黄瓜洗净，去根切条。红椒去籽，洗净切块。

（2）将主、配料与调料拌匀装盘即可。

凉拌茭白

主 料： 茭白20千克

配 料： 红椒1千克、黄椒1千克、香菜1千克

调 料： 盐0.2千克、味精0.1千克、香油0.05千克、葱油0.1千克、花椒油0.1千克

营养价值

茭白味甘、微寒；具有祛热、生津、止渴、利尿、除湿、通利的功效。

制作方法

（1）将茭白去皮，洗净切片，沸水焯熟备用。红、黄椒去籽，洗净切块。香菜去根，洗净切段。

（2）将主、配料与调料拌匀装盘即可。

凉拌萝卜苗

主　料： 萝卜苗20千克

调　料： 盐0.25千克、味精0.15千克、香油0.05千克、葱油0.2千克、米醋0.4千克

营养价值

中医认为萝卜苗性寒，味甘辛；入脾、胃、肺经。消积滞，化痰热，下气宽中，解毒。

制作方法

（1）将萝卜苗洗净备用。

（2）将萝卜苗与调料拌匀装盘即可。

凉拌魔芋丝

主 料： 魔芋丝10千克、黄瓜20千克

配 料： 胡萝卜1千克

调 料： 盐0.25千克、味精0.1千克、香油0.05千克、葱油0.2千克、米醋0.2千克、白醋0.2千克

营养价值

魔芋丝性寒味辛，祛脂降压，减肥，润肠。黄瓜有抗衰老、降血糖、健脾胃的作用。

制作方法

（1）将黄瓜去根，洗净切丝。胡萝卜去皮洗净，切丝焯水备用。魔芋丝沸水焯熟过凉。

（2）将主、配料与调料拌匀装盘即可。

凉拌石花菜

主 料： 石花菜20千克，黄瓜10千克

配 料： 红椒1千克

调 料： 盐0.25千克，味精0.1千克，香油0.05千克，葱油0.2千克，米醋0.4千克

营养价值

石花菜性平味甘，有清肺化痰、清热燥湿、滋阴降火、凉血止血、解暑之功效。

制作方法

（1）将石花菜用凉水泡40分钟取出后，沸水焯熟过凉。黄瓜去根，洗净切丝。红椒去籽，洗净切丝。

（2）将主、配料与调料拌匀装盘即可。

凉拌兔肉丝

主 料： 兔腿30千克

配 料： 大葱2千克、香菜0.5千克

配 料： 盐0.25千克、糖0.05千克、味精0.1千克、生抽0.2千克、香油0.05千克、葱油0.1千克

营养价值

中医认为兔肉味甘、性凉，入肝、脾、大肠经；具有补中益气、凉血解毒、清热止渴等作用；可止渴健脾、凉血、解热毒、利大肠。

制作方法

（1）将兔腿煮熟晾凉，取肉切丝。大葱切丝。香菜切段。

（2）将改刀后的主、配料加入调料拌匀装盘即可。

凉拌羊杂

主　料：羊杂15千克、葱头10千克

配　料：香菜1千克

调　料：盐0.25千克、味精0.1千克、香油0.05千克、花椒油0.15千克、辣椒油0.15千克、酱油0.2千克

营养价值

羊肝含铁丰富，富含维生素B_2、维生素A，增强机体免疫功能，能促进身体的代谢。葱头中含有微量元素硒，它的特殊作用是能使人体产生大量谷胱甘肽，谷胱甘肽的生理作用是输送氧气供细胞呼吸。

制作方法

(1) 将羊杂洗净，放入锅中，加入水、盐、味精、葱、姜、香料适量，煮熟取出切块。香菜去根，洗净切丝。葱头去皮，洗净切丝。

(2) 将主、配料与调料拌匀装盘即可。

卤蛋

主 料： 鸡蛋15千克

配 料： 黄瓜1千克

调 料： 盐3千克，味精1.5千克，酱油2千克，老抽0.5千克，香叶、桂皮、小茴香、辣椒段适量

营养价值

鸡蛋含蛋白质、脂肪、氨基酸和其他营养素，可健脑益智、保护肝脏、防治动脉硬化。黄瓜有抗衰老、降血糖、健脾胃的作用。

制作方法

（1）将鸡蛋洗净，放入锅中煮熟，取出过凉，去皮备用。

（2）锅内放水，加入调料烧开，放入去皮鸡蛋卤至入味，上颜色即可。

（3）黄瓜去根洗净，切片放入盘中装饰，再把卤好的鸡蛋切块，放入盘中即可。

M

中国大锅菜

麻酱茄子

主 料： 茄子40千克

配 料： 香菜0.5千克

调 料： 盐0.15千克、味精0.1千克、生抽0.4千克、葱油0.2千克、蒜末0.2千克、芝麻酱0.5千克

营养价值

茄子含有蛋白质、脂肪、碳水化合物、维生素以及钙、磷、铁等多种营养成分。

制作方法

（1）将茄子去根洗净，切块放入锅内蒸熟，取出晾凉。香菜去根洗净，切段备用。

（2）把调料放入盘中，加入调好的芝麻酱汁，加入茄子拌匀，装盘，加上香菜装饰。

麻辣凤尾菜

主 料： 油麦菜25千克

配 料： 红椒1千克、黄椒1千克

调 料： 盐0.25千克、味精0.1千克、香油0.05千克、辣椒油0.2千克、麻辣油0.1千克

营养价值

油麦菜也叫凤尾菜，含有大量维生素和大量钙、铁、蛋白质、脂肪、维生素A、维生素 B_1、维生素B_2等营养成分，是一种低热量、高营养的蔬菜。

制作方法

（1）将油麦菜去根，洗净切段。红、黄椒去籽，洗净切块。

（2）将主、配料与调料拌匀装盘即可。

麻辣卷心菜

主 料：圆白菜40千克

配 料：胡萝卜1千克

调 料：盐0.25千克、味精0.1千克、辣椒油0.2千克、香油0.05千克、酱油0.1千克、麻椒0.02千克

营养价值

圆白菜中维生素C的含量极为丰富。

制作方法

（1）将圆白菜去根，洗净切块，焯水备用。胡萝卜去根，洗净切片，沸水焯后备用。

（2）将主、配料与调料拌匀装盘即可。

麻辣萝卜丝

主 料： 白萝卜25千克

配 料： 红椒1千克、香菜1千克

调 料： 盐0.25千克、味精0.1千克、香油0.05千克、麻辣油0.4千克

营养价值

萝卜味甘、辛、性凉，入肺、胃、大肠经；具有清热生津、凉血止血、下气宽中、消食化滞、开胃健脾、顺气化痰的功效。

制作方法

（1）将白萝卜去皮，洗净切丝。红椒去籽，洗净切丝。香菜去根，洗净切丝。

（2）将萝卜与调料拌匀，放入红椒、香菜装饰即可。

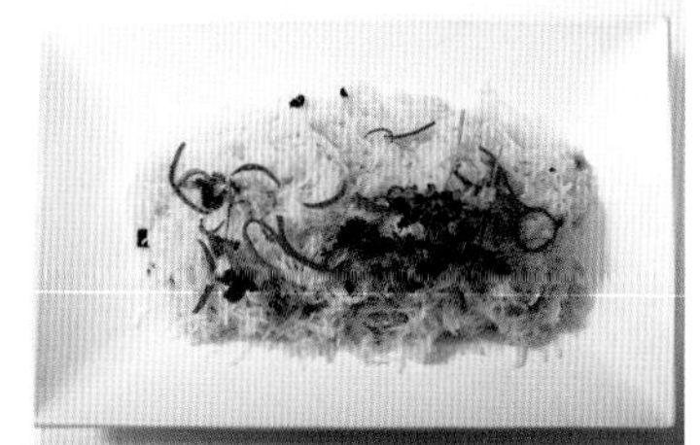

麻辣牛肉

主　料： 牛肉20千克

配　料： 香菜1千克、尖椒7.5千克、大葱5千克、紫葱头10千克

调　料： 盐0.2千克、味精0.15千克、香油0.1千克、花椒油0.2千克、葱油0.1千克、蒜末0.2千克、辣椒油0.4千克、生抽0.2千克

营养价值

牛肉味甘、性平，归脾、胃经；具有补脾胃、益气血、强筋骨、消水肿等功效。

制作方法

（1）锅内放水，加入葱、姜、香料、生抽、老抽调制酱汤，牛肉放入煮两小时，把牛肉酱熟，切片备用。

（2）将香菜、大葱去根，洗净切丝。尖椒去籽，洗净切丝。紫葱头去皮，洗净切丝。

（3）将酱好的牛肉与调料、配料拌匀装盘即可。

麻辣牛舌

主 料： 牛舌20千克

配 料： 葱头20千克、香菜0.5千克

调 料： 盐0.25千克、味精0.1千克、香油0.05千克、辣椒油0.15千克、麻油0.15千克、酱油0.2千克

营养价值

牛舌味甘、性平，归脾、胃经；牛肉具有补脾胃、益气血、强筋骨、消水肿等功效。葱头中含有微量元素硒，它的特殊作用是能使人体产生大量谷胱甘肽。

制作方法

（1）将牛舌洗净，放入锅中，加入盐、水、鸡精、辣椒段、葱、姜、生抽、老抽，香料适量，酱好取出切片。香菜去根，洗净切段。葱头去皮，洗净切丝。

（2）将主、配料与调料拌匀装盘即可。

麻辣牛心

主 料： 牛心15千克

配 料： 黄瓜20千克

调 料： 盐0.25千克、味精0.1千克、香油0.05千克、辣椒油0.2千克、葱油0.1千克、麻油0.1千克、生抽0.2千克

营养价值

牛心具有健脑，明目，温肺，益肝，健脾，补肾，润肠，养颜护肤的功效。黄瓜有抗衰老、降血糖、健脾胃的作用。

制作方法

（1）锅内放水，加入生抽、老抽、葱、姜、香料、盐、糖、鸡精等调好酱汤，加入牛心酱至3小时，酱熟即可，取出晾凉，切片备用。

（2）黄瓜去皮洗净，切块备用。

（3）将主、配料与调料拌匀装盘即可。

麻辣羊肉

主　料： 羊肉15千克、黄瓜20千克

配　料： 香菜1千克、红椒1千克、黄椒1千克

调　料： 盐0.4千克、味精0.2千克、鸡精0.2千克、香油0.05千克、花椒油0.2千克、麻辣油0.3千克

营养价值

羊肉味甘、性温，入脾、胃、肾、心经；中国古代医学认为，羊肉是助元阳、补精血、疗肺虚、益劳损、暖胃之佳品，是一种优良的温补强壮剂。

制作方法

（1）将羊肉放入锅内，用清水煮熟，取出晾凉，切片备用。黄瓜去皮去根，切片备用。红椒、黄椒去籽，洗净切块。香菜去根，洗净切段。

（2）将主、配料与调料放在一起拌匀装盘即可。

麻油豆腐干

主　料： 豆腐干15千克、菜笋10千克

配　料： 胡萝卜2.5千克、芝麻0.5千克

调　料： 盐0.3千克、味精0.1千克、香油0.05千克、麻油0.2千克、葱油0.1千克

营养价值

豆腐干含有大量蛋白质、脂肪、碳水化合物，还含有钙、磷、铁等多种人体所需的矿物质。菜笋可开通疏利、消积下气，对消化功能减弱、消化道中酸性降低和便秘的病人尤为有利。

制作方法

(1) 将豆腐干切丁，锅中加水、盐、味精、生抽、老抽、葱、姜、香料适量，煮熟取出。菜笋去叶去根，洗净切丁焯水备用。胡萝卜去皮，洗净切丁，芝麻炒热。

(2) 将主、配料与调料拌匀装盘即可。

毛豆萝卜干

主 料：萝卜干5千克、毛豆5千克

配 料：胡萝卜1千克

调 料：盐0.2千克、味精0.1千克、香油0.05千克、花椒油0.2千克

营养价值

萝卜干含有糖分、蛋白质、胡萝卜素、抗坏血酸等营养成分，具有降血脂、降血压、消炎、开胃、清热生津、防暑、消油腻、破气、化痰、止咳等功效。毛豆味甘、性平，入脾、大肠经；具有健脾宽中，润燥消水、清热解毒、益气的功效。

制作方法

（1）将萝卜干泡开，切丁洗净，放入锅中翻炒，加入葱、姜、香料、植物油炒好，取出晾凉备用。毛豆洗净，煮熟过凉备用。胡萝卜去皮洗净，切丁后焯水备用。

（2）将主、配料与调料拌匀装盘即可。

美极萝卜皮

主 料：心里美萝卜15千克、香菜1千克

调 料：盐0.25千克、味精0.05千克、酱油0.1千克、葱油0.1千克、花椒油0.1千克、香油0.05千克

营养价值

萝卜味甘、辛、性凉，入肺、胃、大肠经；具有清热生津、凉血止血、下气宽中、消食化滞、开胃健脾、顺气化痰的功效。

制作方法

(1) 将萝卜洗净，切片。香菜去根，洗净切段。

(2) 将萝卜和调料拌匀，再放入香菜点缀，装盘即可。

蜜汁两样

主 料： 小枣5千克、芸豆15千克、香菜0.5千克

配 料： 香菜0.5千克

调 料： 白糖0.8千克、蜂蜜1千克

营养价值

小枣可用于降血脂，调节血压，缓和动脉硬化；芸豆是一种难得的高钾、高镁、低钠食品，芸豆尤其适合心脏病、动脉硬化，高血脂、低血钾症和忌盐患者食用。

制作方法

（1）将小枣用凉水泡开，放入蒸箱，加入白糖、蜂蜜蒸至大约半小时，蒸好取出，放入锅中，小火收汁备用。

（2）芸豆用凉水泡4小时，放入锅中，加水、白糖、蜂蜜煮熟取出，晾凉备用。香菜去根，洗净切段。

（3）将芸豆与小枣拌匀装盘，放上香菜装饰即可。

蜜汁小枣

主　料：无核小枣30千克
配　料：香菜0.5千克
调　料：蜂蜜0.8千克、白糖0.6千克

营养价值

小枣中含有大量的铁元素，一般可以促进血红蛋白生成，维生素 C 也能够促进体内抗体的形成，从而能够提高身体的免疫力以及抗病能力。小枣中含有膳食纤维，可以促进肠道蠕动，对便秘也能够起到改善的效果。

制作方法

(1) 将小枣洗净，放入盘中加水，泡开之后加入调料拌匀，放入蒸箱，蒸30分钟取出，放入锅中，小火把汁收干，取出备用。
(2) 香菜去根，洗净切段。
(3) 把小枣放入盘中，放上香菜装饰即可。

木耳藕片

主 料： 藕20千克、干木耳0.5千克

配 料： 胡萝卜1千克

调 料： 盐0.25千克、味精0.1千克、葱油0.1千克、花椒油0.1千克

营养价值

藕味甘、性寒，入心、脾、胃经；具有清热、生津、凉血、散瘀、补脾、开胃、止泻的功效。木耳含有维生素K，铁的含量极为丰富。

制作方法

(1) 将藕去皮洗净，沸水焯后备用。胡萝卜去皮，洗净切片焯水。干木耳用凉水泡开，切块，沸水焯后备用。

(2) 将主、配料与调料拌匀装盘即可。

木耳芹菜鲜桃仁

主 料： 芹菜20千克、干木耳0.5千克、桃仁1千克

配 料： 胡萝卜2.5千克

调 料： 盐0.25千克、味精0.15千克、香油0.05千克、葱油0.1千克、花椒油0.1千克

营养价值

芹菜含有大量的粗纤维，可刺激胃肠蠕动，促进排便。而且含铁量较高，芹菜汁还有降血糖的作用。木耳含有维生素K，铁的含量极为丰富。核桃仁中含有多种人体需要的微量元素，有顺气补血、止咳化痰、润肺补肾等功能。

制作方法

（1）将芹菜去叶去根，洗净切块，焯水后备用。胡萝卜去皮，洗净切块焯水。干木耳泡开，掰成小块焯水。桃仁焯水。

（2）将主、配料与调料拌匀装盘即可。

木耳银牙

主 料： 干木耳0.5千克、银牙20千克

配 料： 红椒0.5千克、香菜0.5千克、胡萝卜1千克

调 料： 盐0.25千克、味精0.1千克、米醋0.3千克、香油0.05千克、葱油0.1千克、花椒油0.1千克

营养价值

木耳含有维生素K，铁的含量极为丰富。绿豆芽具有清热解毒、消除紧张、治疗口腔溃疡等作用。

制作方法

(1) 干木耳用水泡开，去根、焯水。银牙洗净焯水。红椒去籽，洗净切丝。香菜去根，洗净切段。胡萝卜去皮切丝。

(2) 将主、配料与调料放在一起拌匀装盘即可。

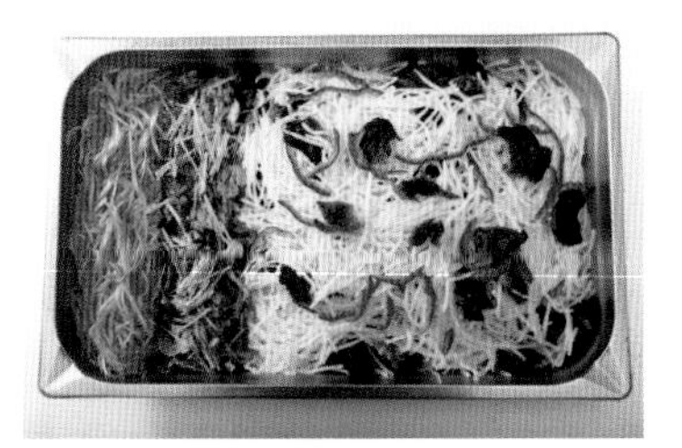

N

中国大锅菜

奶香黄瓜

主 料： 黄瓜25千克

配 料： 香菜0.5千克

调 料： 盐0.25千克、味精0.2千克、香油0.05千克、葱油0.2千克、醋精0.1千克

营养价值

黄瓜具有抗衰老、降血糖、健脾胃的作用。黄瓜中的葫芦素具有提高人体免疫功能的作用。

制作方法

(1) 将黄瓜洗净，去根切块。香菜去根，洗净切段。

(2) 将味精和醋精放入盆中搅拌，再放入黄瓜，加入调料拌匀装盘，放上香菜即可。

柠檬藕片

主 料： 藕片20千克

配 料： 小西红柿2千克、香菜0.5千克

调 料： 柠檬汁饮料浓浆0.6千克、白糖0.5千克、白醋0.1千克

营 养 价 值

藕味甘、性寒，入心、脾、胃经；具有清热、生津、凉血、散瘀、补脾、开胃、止泻的功效。

制 作 方 法

（1）将藕片去皮，洗净切片。小西红柿洗净切片。香菜去根，洗净切段，沸水焯一下备用。

（2）将柠檬浓浆、白糖、白醋用纯净水稀释，把切好的藕片放入浸泡12小时装盘，再放入小西红柿、香菜装饰即可。

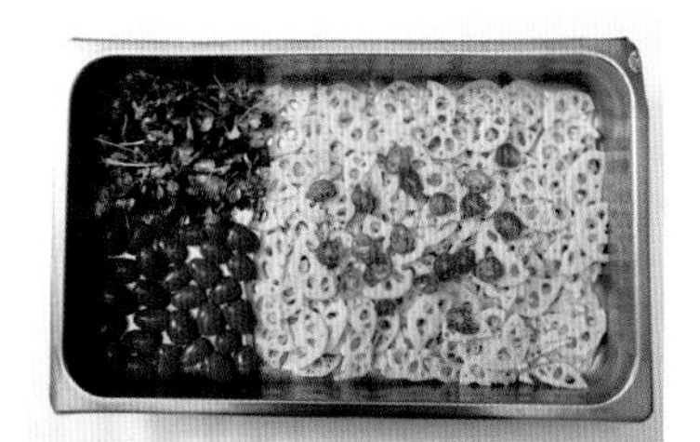

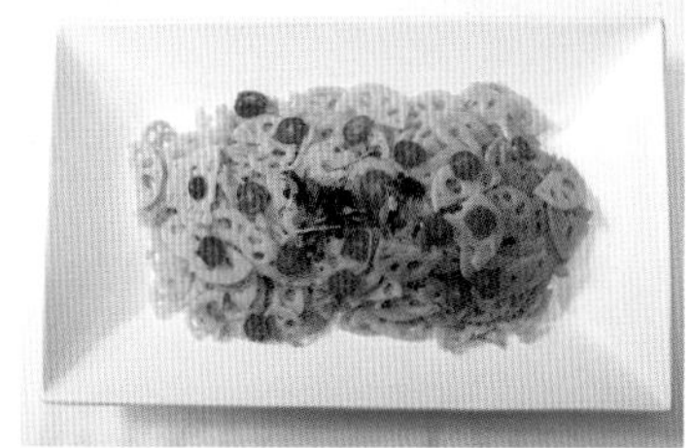

农家大拌菜

主 料： 白菜15千克、黄瓜10千克、尖椒4千克、豆皮5千克、香菜0.5千克、黄酱2.5千克

调 料： 盐0.2千克、味精0.1千克、大豆油0.4千克、鸡精0.2千克、鸡蛋0.5千克、水0.4千克

营 养 价 值

白菜中含有丰富的维生素C、维生素E，有解热除烦、通利肠胃、养胃生津、除烦解渴、利尿通便、清热解毒之功效。黄瓜有抗衰老、降血糖、健脾胃的作用。尖椒含丰富的维生素。

制 作 方 法

(1) 将黄酱在锅内炒熟，加入调料增鲜，之后加入鸡蛋，约炒2分钟。

(2) 将白菜、香菜去根，洗净切段。黄瓜去皮，洗净切块。尖椒去籽，洗净切块。豆皮切块。

(3) 将切好的原料与炒好的黄酱拌匀，装盘即可。

P

中国大锅菜

拍黄瓜

主 料： 黄瓜30千克

调 料： 盐0.3千克、味精0.15千克、香油0.2千克、酱油0.2千克、醋0.2千克、糖0.2千克

营养价值

黄瓜有抗衰老、降血糖、健脾胃、防酒精中毒的作用。

制作方法

(1) 将黄瓜洗净，去根拍碎，加入调料，拌匀装盘即可。

泡椒黑木耳

主 料： 干木耳2.5千克

配 料： 野山椒1千克、香菜1千克

调 料： 盐0.25千克、味精0.1千克、糖0.05千克、生抽0.15千克、米醋0.2千克、葱油0.2千克

营养价值

木耳含有维生素K，铁的含量极为丰富。

制作方法

（1）将木耳泡发清洗，焯水过凉。香菜切段、野山椒切碎。

（2）木耳加入野山椒、调料，拌匀装盘，点缀香菜即可。

中国大锅菜

炝拌荷兰豆

主　料： 荷兰豆20千克

配　料： 红椒、黄椒各1千克

调　料： 盐0.25千克、味精0.1千克、香油0.05千克、葱油0.2千克

营养价值

荷兰豆性平、味甘，具有和中下气、利小便、解疮毒等功效。

制作方法

（1）将荷兰豆洗净，焯水备用。红椒、黄椒去籽，洗净切块。

（2）将主、配料与调料拌匀装盘即可。

炝拌苤蓝

主　料： 苤蓝20千克

配　料： 红椒1千克、黄椒1千克、香菜0.5千克

调　料： 盐0.25千克、味精0.1千克、香油0.05千克、葱油0.1千克、花椒油0.1千克

营养价值

中医认为苤蓝味甘、性凉、辛，归大肠、膀胱经；有利水消肿、止咳化痰、清神明目、醒酒降火、解毒的功效。

制作方法

(1) 将苤蓝去皮，洗净切丝。香菜洗净，去根切段。红椒、黄椒去籽，洗净切丝。

(2) 将主、配料与调料拌匀装盘即可。

炝拌苦瓜

主 料： 苦瓜22.5千克

配 料： 胡萝卜1.5千克

调 料： 盐0.25千克、味精0.15千克、香油0.05千克、葱油0.2千克

营养价值

苦瓜含蛋白质、碳水化合物、镁、钙、多种氨基酸、苦瓜苷、苦瓜蛋白、硒、锌、维生素C、钾、胡萝卜素等成分，气味苦、无毒、性寒，入心、肝、脾、肺经；具有清热祛暑、明目解毒、利尿凉血、解劳清心、益气壮阳之功效。

制作方法

(1) 将苦瓜去籽，洗净切块，沸水焯后备用。胡萝卜去皮洗净，切块焯水备用。

(2) 将主、配料与调料拌匀装盘即可。

炝拌莲藕

主 料： 莲藕20千克

配 料： 香菜0.5千克、红椒1千克、黄椒1千克、小西红柿1千克

调 料： 盐0.25千克、味精0.1千克、香油0.05千克、辣椒油0.2千克、葱油0.1千克

营养价值

莲藕味甘、性寒，入心、脾、胃经；具有清热、生津、凉血、散瘀、补脾、开胃、止泻的功效。

制作方法

（1）将莲藕去皮，洗净切片，沸水焯后备用。

（2）将小西红柿洗净切片。红椒、黄椒去籽，洗净切丝。香菜去根，洗净切段。

（3）将焯好的莲藕与配料、调料拌匀装盘即可。

炝拌双花

主 料： 菜花20千克、西兰花15千克

配 料： 胡萝卜0.5千克

调 料： 盐0.25千克、味精0.1千克、香油0.05千克、葱油0.1千克、花椒油0.1千克

营养价值

菜花含有蛋白质、脂肪、磷、铁、胡萝卜素、维生素B_1、维生素B_2和维生素C、维生素A等，性凉、味甘；可补肾填精、健脑壮骨、补脾和胃；西兰花中的营养成分，不仅含量高，而且全面，主要包括蛋白质、碳水化合物、脂肪、矿物质、维生素C和胡萝卜素等。

制作方法

（1）将菜花、西兰花去根，切块洗净，沸水焯后备用。

（2）将胡萝卜去皮，洗净切片，沸水焯制。

（3）将菜花、西兰花、胡萝卜与调料放在一起拌匀，装盘即可。

炝拌圆白菜丝

主 料： 圆白菜40千克

配 料： 红椒1千克

调 料： 盐0.25千克、味精0.15千克、香油0.05千克、花椒油0.2千克

营养价值

圆白菜维生素C的含量丰富，能提高人体免疫力，预防感冒。

制作方法

（1）将圆白菜洗净切丝，沸水焯后备用。红椒去籽，洗净切丝。

（2）将主、配料与调料拌匀装盘即可。

炝肚丝黄瓜丝

主 料： 猪肚15千克、黄瓜20千克

配 料： 香菜0.5千克、红椒0.5千克

调 料： 盐0.2千克、味精0.1千克、酱油0.2千克、香油0.1千克、葱油0.1千克、花椒油0.1千克、辣椒油0.2千克

营养价值

猪肚味甘，性微温，归脾、胃经；补虚损，健脾胃；含有蛋白质、脂肪、碳水化合物、维生素及钙、磷、铁等；黄瓜有抗衰老、降血糖、健脾胃的作用。

制作方法

(1) 将猪肚在锅内煮熟，切丝备用。黄瓜去皮去根，洗净，切丝备用。

(2) 将香菜去根，洗净切段。红椒去籽，洗净切丝。

(3) 将主、配料与调料放在一起拌匀装盘即可。

茄汁鲅鱼

主 料： 鲅鱼30千克

配 料： 生菜0.5千克

调 料： 盐0.4千克、味精0.2千克、鸡精0.2千克、葱0.2千克、姜0.2千克、番茄酱0.8千克、番茄沙丝0.4千克、白糖0.6千克、米醋0.6千克

营养价值

鲅鱼肉质细腻、味道鲜美，含丰富的蛋白质、维生素A、矿物质等营养元素；有补气、平咳的作用。

制作方法

(1) 将鲅鱼去内脏洗净，沥干水分，用淀粉抓匀，放入油锅炸熟。炸好取出，沥干。

(2) 锅内放水，加入调料，再把已炸好的鲅鱼平摆入锅中，煮熟即可。

(3) 生菜去根，洗净放入盘底，再将已做好的鲅鱼放上即可。

芹菜拌虾仁

主　料： 芹菜20千克、虾仁10千克

配　料： 红椒1千克

调　料： 盐0.25千克、味精0.1千克、香油0.05千克、葱油0.1千克、花椒油0.1千克

营养价值

虾仁性平味甘，有化痰止咳，通乳生乳，消食，壮阳壮腰，强筋壮骨之功效。芹菜含有大量的粗纤维，可刺激胃肠蠕动，促进排便。芹菜含铁量较高，芹菜汁还有降血糖作用。

制作方法

(1) 将虾仁放入锅中煮熟，取出过凉备用。芹菜去根、去叶洗净，切块焯水备用。红椒去籽，洗净，切块备用。

(2) 将主、配料与调料拌匀装盘即可。

青瓜鸭条

主 料： 鸭胸15千克、黄瓜20千克

配 料： 红椒2.5千克

调 料： 盐0.2千克、味精0.15千克、香油0.05千克、葱油0.1千克、花椒油0.1千克

营养价值

中医认为鸭肉性寒、味甘，可大补虚劳、滋五脏之阴、清虚劳之热、补血行水、养胃生津；黄瓜有抗衰老、降血糖、健脾胃的作用。

制作方法

(1) 鸭胸洗净放入锅中，加入水、盐、味精、鸡精、姜、葱、酱油、老抽、香料煮熟，取出切条。黄瓜去根，洗净切条。红椒去籽，洗净切条。

(2) 将主、配料与调料拌匀装盘即可。

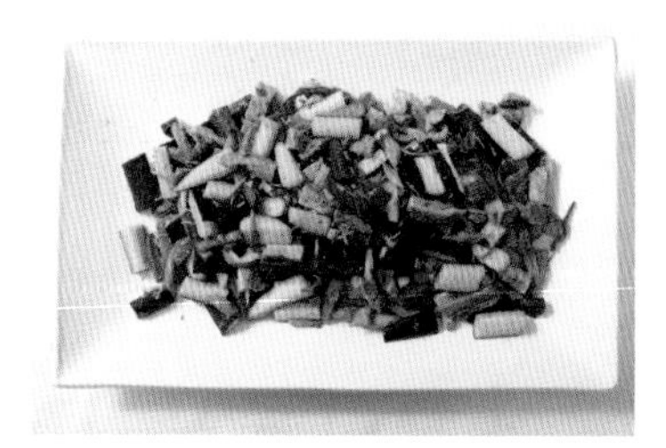

青瓜玉米粒

主 料： 黄瓜20千克、玉米粒10千克
配 料： 胡萝卜1千克、红椒0.5千克
调 料： 盐0.25千克、味精0.1千克、香油0.03千克、葱油0.2千克

营养价值

玉米具有调中开胃，益肺宁心，清湿热，利肝胆，延缓衰老等功能。黄瓜有抗衰老、降血糖、健脾胃的作用。

制作方法

（1）将黄瓜去根洗净，切丁备用。玉米粒开水煮熟备用。红椒去籽，洗净切丁。胡萝卜去根洗净，切丁焯水备用。
（2）将主、配料与调料拌匀装盘即可。

清香毛肚

主 料：毛肚15千克、黄瓜15千克

配 料：红椒1千克、黄椒1千克

调 料：盐0.25千克、味精0.1千克、香油0.05千克、葱油0.1千克、花椒油0.1千克

营养价值

毛肚含蛋白质、脂肪、钙、磷、铁、核黄素、尼克酸等，具有补益脾胃，补气养血，补虚益精、消渴、风眩之功效。黄瓜有抗衰老、降血糖、健脾胃的作用。

制作方法

（1）将毛肚洗净切丝，沸水焯后备用。黄瓜去根，洗净切丝。红椒、黄椒去籽，洗净切丝。

（2）将主、配料与调料拌匀装盘即可。

R
中国大锅菜

日式海带丝

主 料： 海带20千克、黄瓜10千克

配 料： 胡萝卜1千克

调 料： 盐0.25千克。味精0.1千克、香油0.05千克、芥末油0.1千克、葱油0.1千克、生抽0.2千克

营养价值

海带富含蛋白质、脂肪、碳水化合物、膳食纤维、钙、磷、铁、胡萝卜素等多种微量元素。黄瓜有抗衰老、降血糖、健脾胃的作用。

制作方法

(1) 将海带洗净切丝。放入锅中煮熟，取出过凉备用。

(2) 黄瓜洗净，去根切丝。胡萝卜去皮洗净，切丝焯水备用。

(3) 将主、配料与调料拌匀装盘即可。

肉末苦菊

主 料：苦菊25千克、肉末2.5千克

调 料：盐0.25千克、味精0.1千克、香油0.05千克、葱油0.2千克

营养价值

苦菊有抗菌、解热、消炎、明目等作用。

制作方法

（1）将肉末放入锅中炒熟，加入适量的盐、味精、大豆油、鸡精、老抽、香料等炒熟，取出备用。

（2）苦菊去根洗净，切段备用。

（3）将苦菊和肉末拌匀，加入调料装盘即可。

S

中国大锅菜

三色木耳

主 料： 干木耳2.5千克、黄瓜15千克、菜笋7.5千克

配 料： 胡萝卜1千克

调 料： 盐0.25千克、味精0.15千克、香油0.05千克、葱油0.1千克、花椒油0.1千克、米醋0.2千克

营养价值

木耳含有维生素K，其中铁的含量极为丰富。黄瓜有抗衰老，降血糖，健脾胃的作用。菜笋味甘、微寒，具有清热化痰、益气和胃、治消渴、利水道、利膈爽胃等功效。

制作方法

（1）将干木耳泡开切块，焯水备用。黄瓜去根，洗净切块。菜笋去皮，洗净切块。胡萝卜去皮洗净，切片焯水。

（2）将主、配料与调料拌匀装盘即可。

三鲜白菜丝

主 料： 白菜25千克、香菇2.5千克、黄瓜5千克、蛋皮2.5千克

配 料： 香菜0.5千克

调 料： 盐0.3千克、味精0.1千克、香油0.2千克、米醋0.4千克、醋精0.1千克、酱油0.2千克、白醋0.3千克

营养价值

白菜中含有丰富的维生素C、维生素E，有解热除烦、通利肠胃、养胃生津、除烦解渴、利尿通便、清热解毒之功效；黄瓜有抗衰老，降血糖，健脾胃的作用。

制作方法

（1）将白菜去根洗净，切丝备用。香菇去根洗净，切条焯水。黄瓜去根，洗净切丝。鸡蛋打散放入锅中摊饼，取出切丝。香菜去根，洗净切段。

（2）将主、配料与调料拌匀装盘，放上香菜即可。

山椒凤爪

主 料： 凤爪10千克、芹菜5千克、葱头5千克

配 料： 胡萝卜1千克

调 料： 盐0.25千克、味精0.15千克、白糖0.01千克、白醋0.4千克、醋精0.01千克、野山椒0.5千克

营养价值

凤爪性平味甘，有养颜护肤之功效。芹菜含有多种维生素、多种游离氨基酸等物质，有促进食欲、降低血压、健脑、清肠利便、解毒消肿、促进血液循环等功效。

制作方法

(1) 将凤爪洗净，切块煮熟。芹菜去根去叶，洗净切块，焯水备用。葱头去皮，洗净切丝。胡萝卜去皮洗净，切块焯水备用。

(2) 将主、配料加入调料腌制24小时，装盘即可。

山楂菜心

主 料： 白菜30千克

配 料： 山楂糕2.5千克、香菜0.5千克

调 料： 糖0.3千克、精盐0.05千克、白醋0.5千克、香油0.05千克、花椒油0.1千克

营 养 价 值

白菜中含有丰富的维生素C、维生素E，有解热除烦、通利肠胃、养胃生津、除烦解渴、利尿通便、清热解毒之功效；山楂能健脾胃、助消化。

制 作 方 法

（1）将白菜洗净切丝，山楂糕切丝，香菜切段备用。

（2）切好的主配料放入调料，拌匀装盘，装饰香菜即可。

烧椒皮蛋

主 料： 尖椒20千克、皮蛋5千克

配 料： 红椒2.5千克

调 料： 盐0.2千克、味精0.1千克、葱油0.1千克、生抽0.1千克

营养价值

皮蛋富含铁质、甲硫胺酸、维生素E等营养元素，尖椒含丰富的维生素，可解热、镇痛、增加食欲、帮助消化。

制作方法

(1) 将尖椒、红椒洗净，去籽切段之后放入锅中，加入大豆油，烧好取出备用。

(2) 皮蛋放入锅中，煮熟取出过凉，去皮切丁备用。

(3) 将主、配料与调料拌匀装盘即可。

生菜拌烤麸

主 料： 生菜20千克、烤麸20千克

配 料： 红椒0.5千克

调 料： 盐0.25千克、味精0.15千克、香油0.1千克、酱油0.2千克、米醋0.4千克、白醋0.2千克、白糖0.2千克

营养价值

生菜味甘、性凉，具有清热爽神、清肝利胆、养胃的功效，生菜中含有膳食纤维和维生素C，有消除多余脂肪的作用。烤麸蛋白质含量丰富，属于高蛋白、低脂肪、低糖、低热量食物。

制作方法

（1）将生菜去根洗净，切块备用。烤麸放入凉水中泡开切块，再放入锅中焯水，取出过凉。红椒去籽，洗净切丁。

（2）将主、配料与调料拌匀装盘，放上红椒装饰即可。

生熏马哈鱼

主 料： 马哈鱼40千克

配 料： 黄瓜10千克、香菜0.5千克、胡萝卜1千克、芹菜1千克、葱头1千克

调 料： 盐0.2千克、味精0.15千克、腐乳汁0.3千克、白胡椒粉0.06千克、香叶、桂皮、小茴香适量、白糖0.15千克

营养价值

马哈鱼性平味甘，可止血凉血、健脾、和胃，有助于补充人体所需微量元素，增强人体免疫功能。

制作方法

（1）将马哈鱼、去头、去尾，去骨，切块，把水沥干放入盘中，加入调料，腌至12小时。胡萝卜、芹菜、葱头去皮、去根，洗净切块，放入盘中腌渍，之后把鱼取出，放入锅中加盖熏至20分钟，取出备用。

（2）黄瓜去皮，洗净切丝。香菜去根，洗净切段。

（3）马哈鱼切片放入盘中，放上香菜、黄瓜装盘即可。

什锦豆腐丝

主 料： 豆皮7.5千克、白菜15千克

配 料： 红椒1.5千克、尖椒3千克、香菜1.5千克、干木耳1千克

调 料： 盐0.25千克、味精0.15千克、香油0.05千克、葱油0.2千克

营养价值

豆腐皮性平味甘，有清热润肺、止咳消痰、养胃、解毒、止汗等功效。白菜中含有丰富的维生素C、维生素E，有解热除烦、通利肠胃、养胃生津、除烦解渴、利尿通便、清热解毒之功效。

制作方法

（1）豆皮切丝，焯水备用。白菜去根，切丝焯水备用。红椒、尖椒去籽，洗净切丝。香菜去根，洗净切段。干木耳凉水泡开，切块焯水备用。

（2）将主、配料与调料拌匀装盘即可。

什锦芹菜

主 料： 芹菜17.5千克、花生5千克、腐竹5千克

配 料： 木耳0.5千克、胡萝卜2.5千克

调 料： 盐0.25千克、味精0.1千克、香油0.05千克、葱油0.1千克、花椒油0.1千克

营养价值

芹菜含有大量的粗纤维，可刺激胃肠蠕动，促进排便。花生米有增强记忆力、健脑和抗衰老的功效。腐竹中含有丰富蛋白质及多种矿物质，可补充钙质。

制作方法

(1) 将芹菜去叶、去根，洗净切块后焯水备用。花生清水泡4小时，煮熟。腐竹泡开切块，焯水备用。胡萝卜去皮洗净，切片后用沸水焯烫。木耳泡开，掰块，焯水备用。

(2) 将主、配料与调料拌匀装盘即可。

手撕鸡腿

主 料： 鸡腿15千克、大葱10千克

配 料： 香菜0.5千克

调 料： 盐0.2千克、味精0.1千克、香油0.05千克、葱油0.1千克、花椒油0.1千克、生抽0.2千克

营养价值

鸡肉性平、温、味甘，入脾、胃经，可温中益气，补精添髓。

制作方法

（1）将鸡腿放入锅中，加水、盐、鸡精、味精、生抽、老抽、姜、香料适量，酱至1小时，酱熟取出，晾凉撕条备用。

（2）香菜去根，洗净切段。大葱去根，洗净切丝。

（3）将主、配料与调料拌匀装盘即可。

蔬菜沙拉

主 料： 土豆15千克、苦菊1.5千克、紫甘蓝2.5千克、生菜2.5千克

配 料： 胡萝卜2.5千克

调 料： 千岛酱0.4千克、沙拉酱1.8千克、白糖0.2千克、白米醋0.2千克

营 养 价 值

土豆含有丰富的维生素A和维生素C以及矿物质。苦菊有抗菌、解热、消炎、明目等作用。紫甘蓝含有丰富的维生素C、维生素V和较多的维生素E和B族。生菜味甘、性凉，有清热爽神、清肝利胆、养胃的功效。

制 作 方 法

（1）将土豆去皮，切块焯水。苦菊、生菜去根，洗净切块。紫甘蓝去根，洗净切块。胡萝卜去皮，洗净切块。

（2）将千岛酱、沙拉酱、糖、白醋调制备用。

（3）将主配料放在盘中，在上面放上调好的沙拉酱即可。

双椒小白菇

主 料： 小白菇5千克、青尖椒0.5千克、红尖椒0.5千克

调 料： 蒜蓉0.05千克、盐0.1千克、味精0.005千克、香油0.01千克、花椒油0.01千克

营养价值

小白菇可抑制血脂升高，降低胆固醇。

制作方法

（1）将小白菇去梗，洗净。青、红尖椒洗净，切成条。

（2）起锅上火加水，将小白菇和青、红尖椒分别用沸水焯熟，过凉，加入调料拌均匀即可装盘。

爽口大拌菜

主　料： 黄瓜15千克、紫葱头7.5千克、苦菊1.5千克、生菜1.5千克

配　料： 去皮花生1袋、小萝卜2.5千克、小西红柿2.5千克、红椒1.5千克、黄椒1.5千克

调　料： 盐0.25千克、味精0.1千克、香油0.2千克、白糖0.2千克、醋精0.05千克、熟芝麻0.1千克

营养价值

黄瓜有抗衰老、降血糖、健脾胃的作用。葱头中含有微量元素硒、谷胱甘肽。苦菊有抗菌、解热、消炎、明目等作用。生菜味甘、性凉，具有清热爽神、清肝利胆、养胃的功效。

制作方法

（1）将黄瓜洗净，去根切块。紫葱头去皮，洗净切块。苦菊、生菜去根，洗净切块。小萝卜去叶，洗净切片。小西红柿去根，洗净切块。红、黄椒去籽，洗净切块。

（2）将主、配料与调料拌匀装盘即可。

四川泡菜

主 料： 圆白菜30千克、黄瓜5千克、心里美萝卜10千克

配 料： 香菜0.5千克

调 料： 盐0.75千克、味精0.2千克、干辣椒0.3千克、花椒0.1千克、香叶0.1千克、料油0.3千克

营养价值

圆白菜中维生素C的含量丰富，能提高人体免疫力，预防感冒。黄瓜有抗衰老、降血糖、健脾胃的作用。心里美萝卜具有清热生津、凉血止血、开胃健脾、顺气化痰的功效。

制作方法

（1）将圆白菜洗净，切块。心里美萝卜洗净，切片备用。

（2）锅上火加入水烧开，放入干辣椒、花椒、香叶、盐，取出倒入盆中，晾凉后把圆白菜和心里美萝卜放入，腌制4天。

（3）把圆白菜、心里美捞出放入盆中，加入盐、味精、料油、香菜拌匀放入盆中。

（4）黄瓜洗净，切片放在拌好的泡菜上，点缀即可。

松花蛋豆腐

主 料： 皮蛋2.5千克、豆腐25千克

配 料： 香葱1千克、红椒1千克

调 料： 盐0.35千克、味精0.1千克、香油0.1千克、葱油0.1千克、花椒油0.1千克

营养价值

松花蛋富含铁质、维生素E等营养元素。豆腐性平味甘，有清热润肺、止咳消痰、养胃、解毒、止汗等功效。

制作方法

（1）将豆腐切块，焯水备用。松花蛋煮熟，去皮切块。香葱去根，洗净切段。红椒去籽，洗净切丁。

（2）将主、配料与调料拌匀装盘即可。

酥鲫鱼

主 料： 鲫鱼20千克

配 料： 香菜0.5千克

调 料： 大葱0.5千克、姜0.5千克、蒜0.4千克、盐0.2千克、味精0.1千克、糖0.2千克、醋0.5千克、酱油0.3千克

营养价值

鲫鱼含大量的铁、钙、磷、蛋白质、脂肪、维生素A、维生素B族等。

制作方法

（1）将鲫鱼去内脏，洗净备用。

（2）锅内放油，烧至升温后将洗好的鲫鱼放入，炸至微黄后捞出。

（3）锅内放入葱段、姜片和蒜，然后放入鲫鱼，加水、调料烧开，转小火烧5个小时。

（4）出锅后撒上香菜即可。

素什锦

主　料：心里美萝卜5千克、胡萝卜2.5千克、葱头5千克、黄瓜7.5千克

配　料：苦菊1.5千克、红椒1.5千克、干木耳0.5千克

调　料：盐0.3千克、味精0.1千克、香油0.05千克、葱油0.2千克、醋精0.05千克白醋0.2千克、糖0.1千克

营养价值

心里美萝卜具有清热生津、凉血止血、开胃健脾、顺气化痰的功效。胡萝卜含有大量的胡萝卜素，益肝明目等。黄瓜有抗衰老，降血糖，健脾胃的作用。

制作方法

（1）将心里美萝卜去皮，洗净切片。胡萝卜去皮洗净，切片焯水。葱头去皮，洗净切块。黄瓜去根，洗净切块。苦菊去根，洗净切段。红椒去籽，洗净切块。干木耳泡开，切块焯水。

（2）将主、配料与调料拌匀装盘即可。

酸辣鹌鹑蛋

主 料： 黄瓜20千克、鹌鹑蛋10千克

配 料： 美人椒0.5千克

调 料： 盐0.2千克、味精0.1千克、米醋0.2千克、生抽0.2千克、葱油0.2千克

营养价值

黄瓜有抗衰老、降血糖、健脾胃的作用。鹌鹑蛋味甘，性平，有补益气血、强身健脑、丰肌泽肤等功效。

制作方法

(1) 将鹌鹑蛋煮熟，过凉去皮，加入盐、味精、米醋、生抽、葱、姜、香菜适量，腌制48小时。

(2) 黄瓜洗净去根，切块备用。美人椒洗净，切段。

(3) 将主、配料与调料拌匀装盘即可。

酸辣粉条

主　料： 粉条10千克、菠菜20千克

配　料： 胡萝卜2.5千克

调　料： 盐0.25千克、味精0.1千克、香油0.05千克、辣椒油0.25千克、米醋0.3千克、酱油0.1千克

营养价值

粉条富含碳水化合物、膳食纤维、蛋白质等。菠菜含有丰富维生素C、胡萝卜素、蛋白质，以及铁、钙、磷等矿物质。可促进人的生长发育、促进人体新陈代谢。

制作方法

（1）将粉条泡发之后放入锅中煮熟，取出过凉。菠菜去根洗净，切段焯水备用。胡萝卜去皮洗净，切丝焯水备用。

（2）将主、配料与调料拌匀装盘即可。

酸辣青笋

主 料： 青笋40千克

配 料： 红椒1千克

调 料： 盐0.4千克、味精0.1千克、香油0.05千克、葱油0.1千克、辣椒油0.2千克、白醋0.3千克

营养价值

青笋中碳水化合物的含量较低，而无机盐、维生素则含量较丰富，尤其是含有较多的烟酸。中医认为，青笋可开通疏利、消积下气，对消化功能减弱、消化道中酸性降低和便秘的病人尤其有利。

制作方法

(1) 将青笋去皮，洗净切丝。红椒去籽，洗净切丝。

(2) 将主、配料与调料拌匀装盘即可。

酸爽橙汁菜花

主　料：菜花30千克

配　料：青豆2.5千克

调　料：盐0.15千克、橙味果珍粉0.5千克、浓缩橙汁1.6千克、米醋0.4千克、白糖0.4千克、

营养价值

菜花含有蛋白质、脂肪、磷、铁、胡萝卜素、维生素B_1、维生素B_2和维生素C、维生素A等，性凉、味甘；青豆味甘、性平，具有健脾宽中，润燥消水的作用。

制作方法

（1）将菜花去根切块，用沸水焯熟备用。青豆洗净　焯水备用。

（2）将主、配料与调料拌匀装盘即可。

蒜泥长茄

主 料： 茄子40千克

配 料： 香菜0.5千克，红椒、黄椒各1千克

调 料： 盐0.35千克、味精0.15千克、香油0.1千克、葱油0.2千克、蒜末2千克

营养价值

茄子含有蛋白质、脂肪、碳水化合物、维生素以及钙、磷、铁等多种营养成分。

制作方法

（1）将茄子去根，洗净切块，用蒸锅蒸熟，取出晾凉备用。香菜去根，洗净切段。红、黄椒去籽，洗净切丝。

（2）将茄子与配料、调料拌匀装盘即可。

蒜泥海白菜

主　料： 海白菜20千克

配　料： 胡萝卜0.5千克

调　料： 盐0.2千克、味精0.1千克、香油0.05千克、葱油0.2千克、蒜泥1.1千克

营养价值

海白菜是一种海产品，含有大量蛋白质，碘的含量也非常丰富，还含有蛋白质、脂肪维生素和矿物质等。

制作方法

（1）将海白菜洗净切段，用凉水泡1小时之后放入锅中煮熟，取出过凉备用。胡萝卜去皮洗净，焯水备用。

（2）将主、配料与调料拌匀装盘即可。

蒜泥肉皮冻

主 料：肉皮20千克、黄瓜20千克

配 料：香菜0.5千克

调 料：盐0.2千克、味精0.1千克、香油0.05千克、葱油0.2千克、蒜泥1千克

营养价值

肉皮味甘、性凉，有滋阴补虚，养血益气之功效。黄瓜有抗衰老、降血糖、健脾胃的作用。

制作方法

(1) 将肉皮洗净切丝，放入锅中煮熟，加入盐、味精、酱油、葱、姜适量，大约4小时，取出放入盒中，晾凉切块备用。

(2) 将黄瓜洗净，去根切块。香菜去根，洗净切段。

(3) 将主、配料与调料拌匀装盘即可。

蒜泥羊肝

主　料： 羊肝15千克、葱头15千克

配　料： 香菜0.5千克

调　料： 盐0.2千克、味精0.15千克、香油0.05千克、葱油0.1千克、花椒油0.1千克、酱油0.2千克、蒜泥1千克

营养价值

羊肝味甘、苦，性凉，入肝经，有益血、补肝、明目的作用。葱头中含有微量元素硒和谷胱甘肽，谷胱甘肽的生理作用是输送氧气供细胞呼吸。

制作方法

（1）锅内放水，加入盐、鸡精、葱姜、香料，再加入羊肝煮熟后取出，切片备用。

（2）葱头去皮，洗净切丝。香菜去根，洗净切段。

（3）将主、配料与调料拌匀装盘即可。

蒜蓉苋菜

主 料： 苋菜25千克

配 料： 红椒1千克

调 料： 盐0.25千克、味精0.1千克、香油0.05千克、葱油0.2千克、蒜泥1千克

营养价值

中医认为，苋菜味甘，性凉。归大肠、小肠经，具有清热解毒，除湿止痢，通利二便，利窍止血等功效。

制作方法

（1）将苋菜去根洗净，切段备用。红椒去籽洗净，切丝备用。

（2）将主、配料与调料拌匀装盘即可。

蒜蓉蒿子秆

主 料： 蒿子秆25千克

配 料： 红椒1千克

调 料： 盐0.25千克、味精0.1千克、香油0.05千克、葱油0.1千克、花椒油0.1千克、蒜蓉1千克

营养价值

蒿子秆具有和脾胃、利便、清血、养心、清痰润肺、降压、助消化、安眠等功效。

制作方法

（1）将蒿子秆去根，洗净切段，焯水后备用。红椒去籽，洗净切丝。

（2）将主、配料与调料拌匀装盘即可。

蒜蓉西蓝花

主 料： 西蓝花30千克

配 料： 胡萝卜2.5千克、红椒1千克、黄椒1千克

调 料： 盐0.25千克、味精0.1千克、蒜末2千克、香油0.05千克、葱油0.2千克、花椒油0.1千克

营 养 价 值

西蓝花中的营养成分不仅含量高，而且全面，主要包括蛋白质、碳水化合物、脂肪、矿物质、维生素C和胡萝卜素等。

制 作 方 法

（1）将西蓝花去根，切段洗净。胡萝卜去皮，洗净切片。红、黄椒去籽切块，焯水备用。

（2）将西蓝花与配料、调料拌匀装盘即可。

蒜薹拌黄豆

主 料：蒜薹20千克、黄豆10千克
配 料：胡萝卜1千克
调 料：盐0.25千克、味精0.1千克、香油0.05千克、葱油0.2千克

营养价值

蒜薹外皮含有丰富的纤维素，可刺激大肠排便，调治便秘。黄豆味甘、性平，入脾、大肠经；具有健脾宽中，润燥消水、清热解毒、益气的功效。

制作方法

（1）将蒜薹去头，洗净切段，焯水备用。黄豆用沸水焯熟，过凉备用。胡萝卜去皮，洗净切条，焯水后备用。
（2）将主、配料与调料放在一起拌匀装盘即可。

蒜香贡菜

主　料： 贡菜15千克

配　料： 红椒0.5千克

调　料： 盐0.25千克、味精0.1千克、香油0.05千克、葱油0.1千克、花椒油0.1千克、蒜末1千克

营养价值

贡菜含有营养丰富的蛋白质、果胶及多种氨基酸、维生素和人体必须的钙、铁、锌、胡萝卜素、钾、钠、磷等多种微量元素。

制作方法

(1) 将贡菜用凉水泡开，洗净切段，用沸水焯后备用。红椒去籽，洗净切丁。

(2) 将主、配料与调料拌匀装盘，放入红椒装饰即可。

蒜香苦菊

主 料： 苦菊25千克

配 料： 红椒1.5千克

调 料： 盐0.25千克、味精0.1千克、葱油0.2千克、蒜末0.8千克

营养价值

苦菊有抗菌、解热、消炎、明目等作用。红椒味辛，性热。能温中健胃，散寒燥湿。

制作方法

(1) 将苦菊去根，洗净切段。红椒去籽，洗净切丝。

(2) 将苦菊与调料拌匀，放入红椒丝装饰即可。

蒜香丝瓜尖

主 料： 丝瓜尖20千克
配 料： 红椒1千克
调 料： 盐0.25千克、味精0.1千克、香油0.05千克、蒜油0.1千克、葱油0.1千克、蒜末0.5千克

营 养 价 值

丝瓜性平味甘，有清暑凉血、解毒通便、祛风化痰、通血脉、下乳汁等功效。

制 作 方 法

（1）将丝瓜尖洗净切段，焯水备用。
（2）将主、配料与调料拌匀装盘即可。

蓑衣菜笋

主　料： 菜笋40千克

调　料： 盐0.2千克、味精0.1千克、香油0.05千克、葱油0.2千克、辣椒油0.2千克

营养价值

菜笋可开通疏利、消积下气，对消化功能减弱、消化道中酸性降低和便秘的病人尤其有利。

制作方法

（1）将菜笋去叶、去皮洗净，切成蓑衣形备用。

（2）将菜笋放入调料，拌匀装盘即可。

蓑衣黄瓜

主 料： 黄瓜25千克

配 料： 姜1千克

调 料： 盐0.25千克、味精0.1千克、香油0.05千克、辣椒油0.3千克、米醋0.2千克、生抽0.2千克

营养价值

黄瓜有抗衰老、降血糖、健脾胃、防酒精中毒的作用。黄瓜中含有的葫芦素，具有提高人体免疫功能的作用。

制作方法

（1）将黄瓜洗净，切蓑衣花刀。生姜去皮洗净，切丝备用。

（2）将黄瓜、姜与调料放在一起拌匀，装盘即可。

T 中国大锅菜

糖醋西瓜皮

主 料：西瓜皮30千克

配 料：香菜1千克

调 料：盐0.25千克、味精0.1千克、白糖0.4千克、米醋0.4千克

营养价值

中医认为，西瓜皮味甘、淡，性凉;归心、胃、膀胱经；清凉解利，具有清暑除烦，解渴利尿的作用。

制作方法

（1）将西瓜皮削去外皮，洗净切条。

（2）香菜去根，洗净切段。

（3）将主料与调料拌匀装盘，香菜装饰即可。

糖醋小水萝卜

主 料：水萝卜25千克

配 料：香菜0.5千克

调 料：盐0.25千克、味精0.1千克、米醋0.2千克、白糖0.2千克、香油0.05千克、葱油0.15千克

营养价值

萝卜味甘、辛、性凉，入肺、胃、大肠经；具有清热生津、凉血止血、下气宽中、消食化滞、开胃健脾、顺气化痰的功效。

制作方法

（1）将水萝卜去根，洗净切片。香菜去根，洗净切段。

（2）将萝卜用调料拌匀装盘，放上香菜即可。

桃仁芹菜

主 料： 芹菜22.5千克、桃仁10千克

配 料： 胡萝卜1.5千克、红椒1千克、黄椒1千克

调 料： 盐0.25千克、味精0.1千克、香油0.05千克、花椒油0.2千克

营养价值

芹菜含有大量的粗纤维，可刺激胃肠蠕动，促进排便。桃仁中含有多种人体需要的微量元素，有顺气补血，止咳化痰，润肺补肾等功效。

制作方法

(1) 将芹菜去叶去根，洗净切段，用沸水焯后备用。桃仁洗净，焯水备用。

(2) 胡萝卜去皮、去根，洗净切丝，焯水备用。红椒、黄椒去籽洗净，切丝备用。

(3) 将主、配料与调料放在一起拌匀装盘即可。

土豆牛肉沙拉

主 料： 牛肉15千克、土豆15千克、黄瓜10千克

配 料： 紫甘蓝5千克、小西红柿1千克

调 料： 盐0.25千克、味精0.1千克、千岛酱1千克

营养价值

牛肉味甘、性平，归脾、胃经；具有补脾胃、益气血、强筋骨、消水肿等功效。土豆含有丰富的维生素A和维生素C以及矿物质，含有大量木质素等，被誉为人类的“第二面包”。黄瓜有抗衰老、降血糖、健脾胃的作用。

制作方法

(1) 将牛肉用清水煮熟，取出切块。黄瓜洗净切块。土豆去皮洗净，切块焯水。小西红柿洗净切块。紫甘蓝洗净切块。

(2) 将主、配料与调料放在一起用千岛酱拌匀，装盘即可。

W

中国大锅菜

五彩拉皮

主 料： 干拉皮10千克

配 料： 黄瓜5千克、胡萝卜5千克、白菜5千克、心里美萝卜5千克、黑木耳0.5千克、香菜0.5千克

调 料： 盐0.25千克、味精0.15千克、糖0.1千克、酱油0.25千克、米醋0.4千克、蒜末0.4千克、香油0.05千克、葱油0.1千克、花椒油0.1千克

营养价值

干拉皮含碳水化合物、膳食纤维、蛋白质等。黄瓜有抗衰老、降血糖、健脾胃的作用。白菜中含有丰富的维生素C、维生素E，有解热除烦、通利肠胃、养胃生津、除烦解渴、利尿通便、清热解毒之功效。

制作方法

(1) 将干拉皮煮熟过凉。配料洗净切丝，焯水备用。

(2) 将煮熟的拉皮用盐、味精、香油、糖、酱油，米醋腌制半小时，再将配料与调料拌匀即可，香菜撒在上面装饰。

五彩藕丁

主 料： 藕30千克

配 料： 红椒、黄椒各1.5千克，干木耳0.5千克，香菜1千克

调 料： 盐0.35千克、味精0.1千克、香油0.05千克、花椒油0.2千克

营养价值

藕味甘、性寒，入心、脾、胃经；具有清热、生津、凉血、散瘀、补脾、开胃、止泻的功效。

制作方法

（1）将藕去皮洗净，切丁，沸水焯后备用。干木耳泡开去根，掰块焯水备用。香菜去根，洗净切段。红、黄椒去籽，洗净切丁。

（2）将主、配料与调料拌匀装盘即可。

五彩鱿鱼圈

主　料： 鱿鱼15千克、红椒、黄椒2.5千克

配　料： 香菜0.5千克

调　料： 盐0.25千克、味精0.1千克、香油0.05千克、葱油0.15千克、蒜蓉辣椒酱0.8千克

营养价值

鱿鱼富含蛋白质、钙、磷、铁、钾等，还含有硒、碘、锰、铜等微量元素。红、黄椒含有丰富的维生素C和维生素A，经常食用能增强人的体力，缓解工作压力。

制作方法

(1) 将鱿鱼洗净切圈，焯水备用。红、黄椒去籽，洗净切条。香菜去根，洗净切段。

(2) 将主、配料与调料拌匀装盘即可。

五香豆腐丝

主　料： 豆皮5千克、白菜15千克

配　料： 香菜1千克、黄椒0.5千克、红椒0.5千克

调　料： 盐0.3千克、味精0.05千克、辣椒油0.1千克、葱油0.1千克、生抽0.2千克

营养价值

中医认为，豆腐皮性平味甘，有清热润肺、止咳消痰、养胃、解毒、止汗等功效。白菜中含有丰富的维生素C、维生素E，有解热除烦、通利肠胃、养胃生津、除烦解渴、利尿通便、清热解毒之功效。

制作方法

（1）将豆皮切丝。白菜洗净，切丝。香菜去根，洗净切段。黄椒、红椒洗净去籽，切丝。

（2）把豆皮丝和白菜丝及一半香菜放入盆中，加入盐、味精、辣椒油、葱油、生抽拌匀装盘，上面撒上另一半香菜，配上黄、红椒丝即可。

五香酱牛肉

主 料： 牛肉15千克、黄瓜15千克

配 料： 大葱5千克

调 料： 盐0.2千克、味精0.15千克、香油0.05千克、酱油0.2千克、葱油0.1千克、辣椒油0.2千克、料酒0.1千克

营养价值

牛肉含有丰富的蛋白质，氨基酸组成比猪肉更接近人体需要，能提高机体抗病能力。中医认为牛肉味甘、性平，归脾、胃经；具有补脾胃、益气血、强筋骨、消水肿等功效。黄瓜有抗衰老、降血糖、健脾胃的作用。

制作方法

（1）将牛肉洗净，凉水下锅，再加入葱、料酒、姜、香料、老抽、酱油，酱熟取出晾凉，切片备用。

（2）将大葱去根洗净，切块备用。黄瓜去根，洗净切块。

（3）将主、配料与调料拌匀装盘即可。

五香驴肉

主 料： 驴肉20千克、黄瓜20千克

调 料： 盐0.2千克、味精0.15千克、香油0.05千克、葱油0.1千克、花椒油0.1千克、酱油0.2千克、辣椒油0.15千克、料酒0.1千克

营养价值

驴肉性甘凉，有补气养血、滋阴壮阳、安神去烦等功效。黄瓜有抗衰老、降血糖、健脾胃的作用。

制作方法

（1）将驴肉凉水下锅，加入盐、味精、生抽、老抽、香料适量，酱熟取出，晾凉后切片备用。黄瓜去根，洗净切块。

（2）将主料与调料拌匀装盘即可。

五香墨鱼

主料： 大墨鱼20千克

配料： 黄瓜2.5千克

调料： 盐2千克、味精0.2千克、大料0.3千克、香叶0.3千克、花椒0.3千克、桂皮0.2千克、小茴香0.3千克、香草0.4千克、红曲米0.3千克

营养价值

中医认为，墨魚味威、性平，入肝、肾经；具有养血、通经、催乳、补脾、益肾、滋阴、调经、止带之功效。

制作方法

（1）将墨鱼改块打花刀，清洗干净，焯水备用。

（2）锅内放油，将香料炒香，加水，加调料，放入墨鱼，小火煮至上色入味，捞出晾凉。

（3）将黄瓜切丝铺底，墨鱼切片装盘即可。

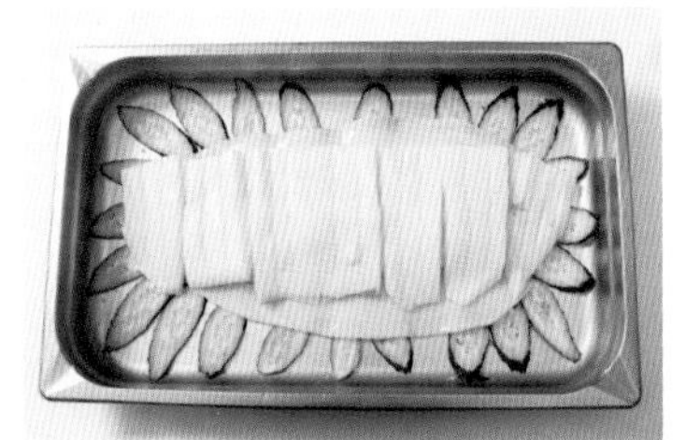

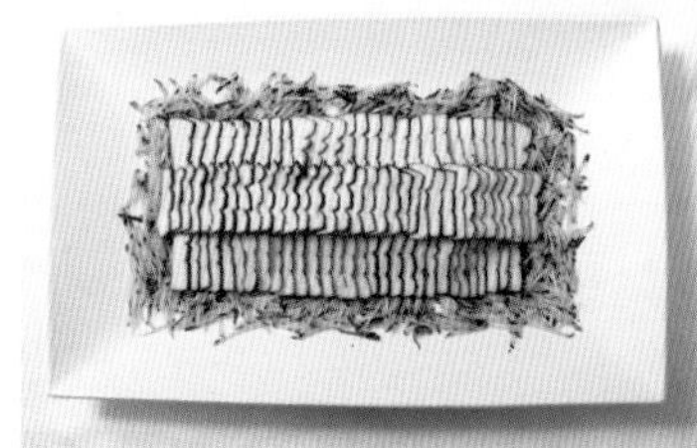

五香芸豆

主 料： 芸豆15千克、黄瓜10千克

配 料： 胡萝卜2.5千克

调 料： 盐0.25千克、味精0.1千克、香油0.05千克、葱油0.2千克

营养价值

芸豆是一种难得的高钾、高镁、低钠食品，尤其适合心脏病、动脉硬化，高血脂、低血钾症和忌盐患者食用。黄瓜有抗衰老、降血糖、健脾胃的作用。

制作方法

(1) 将芸豆用清水泡后，再用沸水煮熟取出，晾凉备用。黄瓜洗净，切丁备用。胡萝卜去根，洗净切丁，沸水焯烫备用

(2) 将主、配料与调料拌匀装盘即可。

中国大锅菜

西芹炝海带

主 料： 西芹15千克、海带15千克

配 料： 胡萝卜5 千克

调 料： 盐0.25千克、味精0.1千克、香油0.03千克、葱油0.1千克、花椒油0.1千克、酱油0.2千克

营 养 价 值

西芹性凉、味甘，有促进食欲、降低血压、健脑、清肠利便、解毒消肿、促进血液循环等功效。海带富含蛋白质、脂肪、碳水化合物、膳食纤维、钙、磷、铁、胡萝卜素等多种微量元素。

制 作 方 法

(1) 将海带洗净切丝，沸水焯后取出过凉。西芹去根，洗净，切条焯水备用。胡萝卜去皮洗净，切丝焯水备用。

(2) 将主、配料与调料拌匀装盘即可。

西式泡菜

主　料： 圆白菜15千克、菜花7.5千克

配　料： 黄瓜5千克、心里美萝卜2.5千克

调　料： 盐0.2千克、味精0.1千克、米醋0.4千克、醋精0.05千克、白糖0.4千克

营养价值

圆白菜中维生素C的含量丰富，能提高人体免疫力，预防感冒。菜花含有蛋白质、脂肪、磷、铁、胡萝卜素、维生素B_1、维生素B_2和维生素C、维生素A等，性凉、味甘。

制作方法

(1) 圆白菜去根，切块洗净。菜花去根切块，洗净焯水。黄瓜去根，洗净切片。心里美萝卜去皮，洗净切片。

(2) 将主、配料与调料拌匀泡至12小时，取出装盘即可。

虾蓉罗汉笋

主　料： 罗汉笋15千克、荷兰豆5千克

配　料： 虾蓉1千克

调　料： 盐2千克、味精0.1千克、香油0.5千克、葱油0.2千克

营养价值

罗汉笋具有滋阴凉血、和中润肠、清热化痰、解渴除烦、清热益气、解毒除疹、养肝明目、消食的功效。荷兰豆性平、味甘，具有和中下气、利小便、解疮毒等功效。

制作方法

（1）将罗汉笋切块洗净，放入锅中煮熟，取出过凉备用。

（2）荷兰豆去筋洗净，切块，焯水备用。虾蓉蒸熟。

（3）将主、配料与调料拌匀装盘即可。

虾籽角瓜

主　料：角瓜30千克

配　料：虾籽0.1千克

调　料：精盐0.2千克、味精0.1千克、葱油0.2千克、香油0.05千克

营养价值

中医认为，角瓜具有清热利尿、除烦止渴、润肺止咳、消肿散结的功能。虾籽性平味甘，有化痰止咳，通乳生乳，消食，壮阳壮腰，强筋壮骨之功效。

制作方法

（1）将角瓜洗净，去瓤，切片。

（2）烧沸水将角瓜焯熟，捞出过凉。

（3）将角瓜加入调料拌匀装盘，撒虾籽装饰。

鲜蘑菜花

主 料： 鲜蘑2.5千克、菜花22.5千克

配 料： 香菜0.5千克、红椒1千克

调 料： 盐0.25千克、味精0.1千克、香油0.05千克、葱油0.1千克、花椒油0.1千克

营养价值

鲜蘑中蛋白质含量是白菜，马铃薯的两倍，还含有丰富的维生素和微量元素，有很好的抗氧化作用，能提高免疫力。菜花含有蛋白质、脂肪、磷、铁、胡萝卜素、维生素B_1、维生素B_2和维生素C、维生素A等，性凉、味甘；可补肾填精、健脑壮骨。

制作方法

(1) 将菜花去根洗净，掰块焯水备用鲜蘑去根洗净，掰块焯水备用。香菜去根，洗净切段。红椒去籽，洗净切块。

(2) 将主、配料与调料拌匀装盘即可。

香椿黄豆

主　料： 黄豆15千克、香椿5千克

配　料： 红椒1千克、黄椒1千克

调　料： 盐0.25千克、味精0.1千克、香油0.05千克、葱油0.2千克

营养价值

中医认为，黄豆味甘、性平，入脾、大肠经；具有健脾宽中，润燥消水、清热解毒、益气的功效；香椿苦、涩、平，具有清热解毒、健胃理气、润肤明目的功效。

制作方法

（1）将黄豆泡至12小时，取出煮熟过凉备用。

（2）香椿去根洗净，焯水切丁，红、黄椒去籽，洗净切丁。

（3）将主、配料与调料拌匀装盘即可。

香干蒜薹

主料： 豆干10千克、蒜薹10千克

配料： 胡萝卜1千克

调料： 盐0.25千克、味精0.1千克、香油0.05千克、葱油0.1千克、花椒油0.1千克

营养价值

豆干含有大量蛋白质、脂肪、碳水化合物，还含有钙、磷、铁等多种人体所需的矿物质。蒜薹可温中下气，补虚，调和脏腑。蒜薹外皮含有丰富的纤维素，可刺激大肠排便，减少便秘。

制作方法

（1）将蒜薹去头，洗净切段，沸水焯后备用。胡萝卜去皮，洗净切块，沸水焯后备用。

（2）豆干切条，放入锅中煮后，加入盐、味精、鸡精、老抽、生抽、葱、姜、香料适量，煮熟取出，晾凉备用。

（3）将主、配料与调料拌匀装盘即可。

香菇菜心

主 料： 油菜心5千克、干香菇1千克

配 料： 彩椒1千克

调 料： 盐0.25千克、麻酱0.2千克、蒜蓉0.5千克、味精0.1千克、香油0.1千克、花椒油0.1千克、葱段0.2千克、姜片0.2千克

营养价值

油菜含有丰富的钙、铁、钾、维生素A、维生素C、β-胡萝卜素、膳食纤维等成分。中医认为，油菜味辛、性温、无毒，入肝、肺、脾经。香菇肉质肥厚细嫩，味道鲜美，香气独特，营养丰富。

制作方法

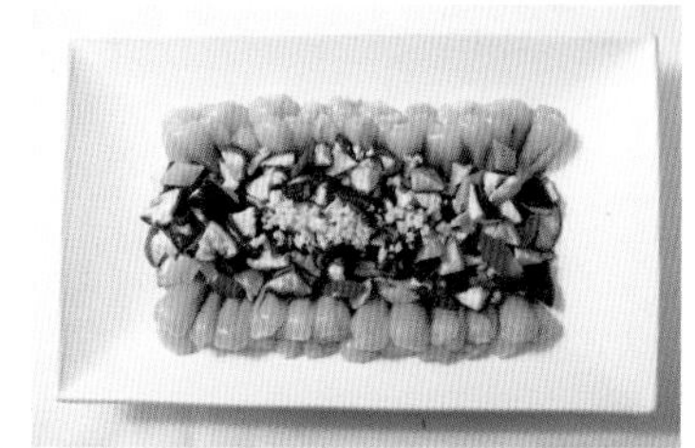

（1）先将香菇用温水浸泡3个小时，洗干净后，放入锅中，加入盐、葱段、姜片和高汤煮30分钟取出晾凉后，改十字花刀，加入香油搅拌。

（2）将油菜心洗干净，从中间劈开，沸水过凉，沥干水分，倒入盆中，加入盐、味精、蒜蓉、香油，花椒油拌均匀，麻酱拌好、摆在盘子下面，香菇放在盘子中间，上面撒上蒜蓉。

（3）彩椒改刀切菱形片，沸水过凉，沥干水分，加入盐、味精和香油拌均匀撒在盘子上面即可。

香菇豇豆

主　料：香菇2.5千克、豇豆17.5千克

配　料：胡萝卜2.5千克

调　料：盐0.25千克、味精0.15千克、香油0.05千克、葱油0.25千克

营养价值

豇豆富含优质的蛋白质、碳水化合物及多种维生素、微量元素等，可补充机体的营养素。香菇肉质肥厚细嫩，味道鲜美，香气独特，营养丰富，是一种食药同源的食物，具有很高的营养、药用和保健价值。

制作方法

（1）香菇去根洗净，切条焯水备用。豇豆洗净，切段焯水。胡萝卜去皮洗净，切条焯水备用。

（2）将主、配料与调料拌匀即可。

香辣白菜

主 料： 白菜40千克

配 料： 香菜1千克、胡萝卜1千克

调 料： 盐0.3千克、味精0.1千克、辣椒油0.4千克、香油0.05千克、米醋0.4千克、糖0.1千克

营养价值

白菜中含有丰富的维生素C、维生素E，有解热除烦、通利肠胃、养胃生津、除烦解渴、利尿通便、清热解毒之功效。

制作方法

（1）将白菜去根，洗净切丝。香菜去根，洗净切段。胡萝卜去根，去皮切丝。

（2）将主、配料与调料放在一起拌匀，装盘即可。

香辣锅巴

主 料：锅巴10千克

配 料：香菜0.5千克、美人椒0.5千克

调 料：盐0.2千克、味精0.1千克、葱油0.15千克、麻辣油0.25千克

营养价值

锅巴含多种人体所必需氨基酸、维生素和矿物质。香菜营养丰富，含有维生素C、胡萝卜素、维生素B_1、B_2等，同时还含有丰富的矿物质，如钙、铁、磷、镁等。

制作方法

（1）将锅巴放入锅中，炸熟取出晾凉。香菜去根，洗净切段。美人椒去根，洗净切段。

（2）将锅巴与调料拌匀，放美人椒、香菜装饰即可。

香辣苦瓜

主 料： 苦瓜20千克

配 料： 香脆椒2.5千克

调 料： 盐0.25千克、味精0.1千克、香油0.05千克、葱油0.1千克、辣椒油0.2千克

营 养 价 值

苦瓜含蛋白质、碳水化合物、镁、钙、多种氨基酸、苦瓜苷、苦瓜蛋白、硒、锌、维生素C 、钾、胡萝卜素等成分，气味苦、无毒、性寒，入心、肝、脾、肺经；具有清热祛暑、明目解毒、利尿凉血、解劳清心之功效。

制 作 方 法

（1）将苦瓜去籽，洗净切片后焯水备用。

（2）将主、配料与调料拌匀装盘即可。

香辣芹丁花生

主料： 芹菜15千克、去皮花生15千克

配料： 胡萝卜1千克、香脆椒0.5千克

调料： 盐0.3千克、味精0.15千克、香油0.05千克、葱油0.15千克、辣椒油0.2千克

营养价值

芹菜含有大量的粗纤维，可刺激胃肠蠕动，促进排便。花生米可增强记忆力、健脑和抗衰老。

制作方法

(1) 将芹菜去根去叶，洗净切丁，焯水备用。胡萝卜去皮洗净，切丁焯水备用。

(2) 将主、配料与调料拌匀装盘即可。

香酥小河虾

主 料：小河虾20千克

配 料：生菜1千克

调 料：盐0.2千克、味精0.15千克、鸡精0.1千克、葱、姜各0.1千克、干辣椒段0.2千克、花椒0.15千克、大豆油0.15千克

营养价值

小河虾含有丰富的蛋白质、维生素以及钙元素，可促进身体发育，预防骨质疏松。

制作方法

（1）将生菜去根，洗净备用。

（2）小河虾洗净，放入油锅炸熟取出。锅内倒油，加入小河虾，放入调料炒至香酥即可，取出。将洗好的生菜垫盘，小河虾放在上面即可。

香熏兔腿

主 料：兔腿25千克

配 料：红椒1千克、香菜0.5千克

调 料：盐0.4千克、味精0.2千克、白糖0.4千克、葱姜0.2千克、老抽0.1千克、生抽0.2千克

营养价值

兔肉中含有丰富的蛋白质、脂肪、无机盐、维生素等成分。中医认为，兔肉味甘、性凉，入肝、脾、大肠经；具有补中益气、凉血解毒、清热止渴等作用。

制作方法

(1) 将兔腿放入沸水锅中，加入调料，煮熟取出晾凉，再用白糖熏至入味上色即可。

(2) 红椒去籽，洗净。香菜去根，洗净切段。

(3) 将熏好的兔腿切块装盘，放入红椒、香菜装饰即可。

蟹棒瓜条

主 料： 蟹棒5千克、黄瓜15千克、黄椒5千克

调 料： 盐0.25千克、味精0.15千克、香油0.05千克、葱油0.15千克

营 养 价 值

中医认为，蟹棒性温味甘，有护心，降糖消渴的功效；黄瓜有抗衰老、降血糖、健脾胃的作用。

制 作 方 法

（1）将蟹棒洗净备用。黄椒去籽，洗净切条备用。黄瓜去根，洗净切条。

（2）将原料与调料拌匀装盘即可。

雪里蕻毛豆仁

主 料： 雪里蕻25千克、毛豆5千克
配 料： 红椒0.5千克、黄椒0.5千克
调 料： 盐0.1千克、味精0.1千克、香油0.05千克、花椒油0.1千克、葱油0.1千克

营养价值

中医认为，雪里蕻具有解毒消肿、开胃消食、温中利气等功效，毛豆中含有丰富的食物纤维，能改善便秘，降低血压和胆固醇的作用。

制作方法

（1）将雪里蕻浸泡4小时，除去咸味，再去根洗净，切段焯水。毛豆仁用水焯熟，过凉备用。红椒、黄椒去籽，洗净切丁。
（2）将雪里蕻在锅内加油炒熟。
（3）将切好的主料、配料、调料放在一起，搅拌均匀，装盘放上红、黄椒装饰即可。

Y

中国大锅菜

盐水花生

主 料：花生30千克

调 料：盐0.4千克、味精0.2千克、花椒0.2千克、大料0.1千克

营养价值

花生中蛋白质的含量很高，同时还富含纤维、镁、铁、锌和维生素D及多种矿物质。花生米可增强记忆力、健脑和抗衰老。

制作方法

（1）将花生用清水洗净。

（2）锅内放水，加入调料，花生也一同放入锅中，煮至大约2小时，煮熟捞出，装盘即可。

盐水鸡肝

主 料：鸡肝15千克、黄瓜15千克

配 料：香菜0.5千克

调 料：盐0.25千克、味精0.1千克、香油0.05千克、葱油0.1千克、花椒油0.1千克、酱油0.2千克

营 养 价 值

鸡肝含有丰富的蛋白质、钙、磷、铁、锌、维生素A、B族维生素。

制 作 方 法

（1）锅内放水，加入盐、鸡精、葱、姜、香料调制汤之后，加入鸡肝煮熟，取出后切片备用。黄瓜洗净切块。香菜去根，洗净切丝。

（2）将主、配料与调料拌匀装盘即可。

盐水鸭

主料：鸭子30千克

配料：香菜1千克、红椒0.5千克

调料：盐0.45千克，味精0.1千克，鸡精0.2千克，香叶、桂皮、小茴香适量

营养价值

鸭肉的蛋白质含量比畜肉高得多，而鸭肉的脂肪、碳水化合物含量适中。中医认为，鸭肉性寒、味甘，可大补虚劳、滋五脏之阴、清虚劳之热、补血行水、养胃生津、清热健脾、虚弱浮肿。

制作方法

（1）将鸭子洗净，放入锅中，加水、调料煮1小时，煮到鸭子熟了，取出晾凉。

（2）将香菜去根，洗净切段。红椒去籽，洗净切块。

（3）将煮好的鸭子切块装盘，放上红椒、香菜，装盘即可。

盐水猪肝

主 料：猪肝15千克、黄瓜20千克

配 料：香菜1千克

调 料：盐0.4千克、味精0.2千克、香油0.05千克、葱油0.2千克、酱油0.2千克

营 养 价 值

猪肝中含有丰富的维生素A，能保护眼睛；还含有丰富的铁质，是补血食品中最常用的食物；黄瓜有抗衰老、降血糖、健脾胃的作用。

制 作 方 法

（1）将猪肝用盐水煮熟，晾凉后去皮，切片备用。

（2）将香菜去根，洗净切段。黄瓜去皮，洗净切块。

（3）将猪肝与配料、调料拌匀装盘即可。

油炸土豆丝

主 料： 土豆25千克

配 料： 香菜0.5千克

调 料： 盐0.25千克、味精0.15千克、辣椒段0.1千克

营养价值

土豆含有丰富的维生素A和维生素C以及矿物质，还含有大量木质素等，被誉为人类的“第二面包”。

制作方法

（1）将土豆去皮，洗净切丝，放入油锅炸至金黄色取出，放入调料拌匀。

（2）香菜去根，洗净切段，放上炸好的土豆丝即可。

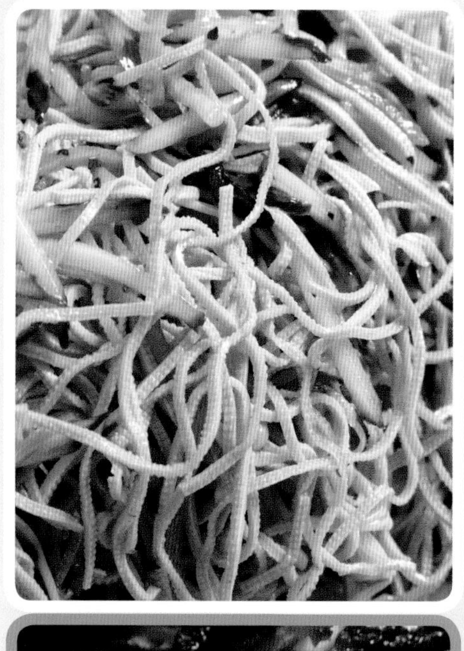

Z 中国大锅菜

榨菜拌豆腐

主 料： 豆腐15千克

配 料： 榨菜2.5千克、肉末2.5千克、香菜0.5千克

调 料： 盐0.2千克、味精0.15千克、香油0.05千克、葱油0.1千克、花椒油0.1千克

营养价值

豆腐性平味甘，有清热润肺、止咳消痰、养胃、解毒、止汗等功效。榨菜含丰富的蛋白质、胡萝卜素、膳食纤维、矿物质等。

制作方法

（1）将豆腐切块，焯水过凉备用。榨菜切末，与肉末加入盐、味精、大豆油、酱油适量，炒熟取出备用。香菜去根，洗净切段。

（2）将主、配料与调料拌匀即可。

樟茶鸭

主　料： 白条鸭25千克

配　料： 香葱1千克、香菜1千克、姜0.5千克

调　料： 盐0.5千克、味精0.05千克、香料0.5千克、酱油1千克、美极鲜酱油0.5千克

营养价值

中医认为，鸭肉性寒、味甘、咸，归脾、胃、肺、肾经；可大补虚劳、滋五脏之阴、清虚劳之热、补血行水、养胃生津、清热健脾、虚弱浮肿；治身体虚弱、病后体虚、营养不良性水肿。

制作方法

（1）鸭子洗净，把配料填入鸭肚内，将所有调料放入盆内，加少许水，放入鸭子腌制。

（2）将腌好的鸭子放入烤箱，110℃低温烤熟烤香，取出斩块装盘，点缀香菜即可。

针菇拌豆皮

主 料： 豆皮7.5千克、针菇5千克、黄瓜15千克

配 料： 胡萝卜1千克

调 料： 盐0.25千克、味精0.15千克、香油0.05千克、葱油0.25千克

营养价值

豆腐皮性平味甘，蛋白质、氨基酸含量高，还含有铁、钙、钼等人体所必需的多种微量元素。针菇富含蛋白质，还含有多种维生素以及钙、磷、铁等多种矿物质，营养十分丰富。黄瓜有抗衰老、降血糖、健脾胃的作用。

制作方法

（1）将豆皮切丝，焯水备用。针菇去根洗净，焯水备用。黄瓜去根，洗净切丝。

（2）将主、配料与调料拌匀装盘即可。

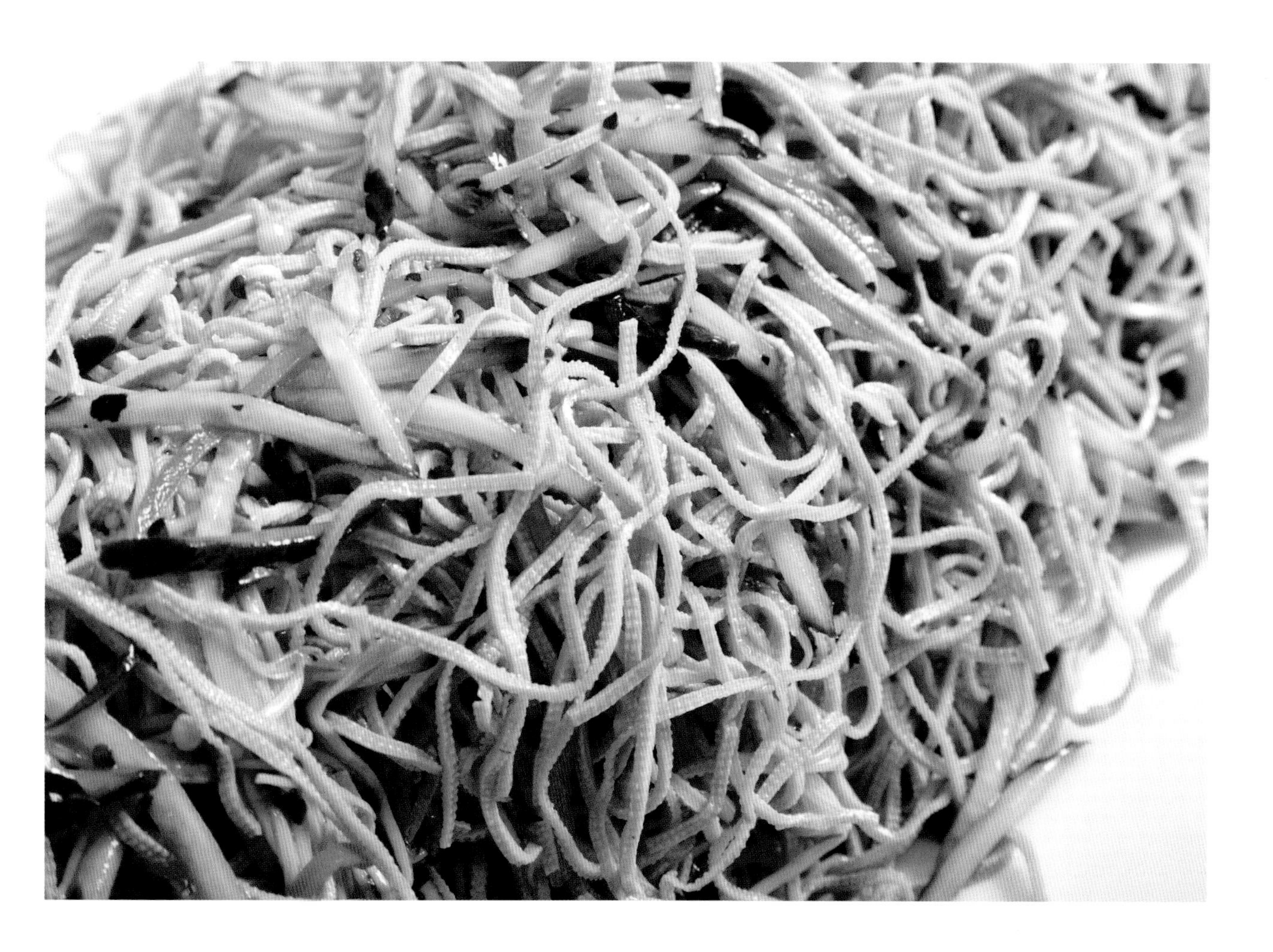

芝麻青椒块

主 料：青椒25千克
配 料：红椒2.5千克、芝麻0.5千克
调 料：盐0.25千克、味精0.1千克、香油0.05千克，葱油0.2千克

营养价值

青椒含有丰富的维生素C和维生素A，常食青椒能增强体力，缓解工作压力。其所含的辣椒素有刺激唾液和胃液分泌的作用，能增进食欲、促进肠蠕动、防止便秘。芝麻性味甘、平，入肝、肾二经，是滋补保健佳品。

制作方法

(1) 将青红椒去籽，洗净切块。芝麻炒熟备用。
(2) 将主、配料与调料拌匀装盘即可。